各行各業適用！

精準激發顧客購買欲的數位行銷

西井敏恭／著
桓田楠末、Sideranch／漫畫
陳識中／譯

玻利維亞 烏尤尼鹽湖
白石亞里沙
大學4年級
哇——真的就像鏡子一樣！
畢業旅行來這裡玩真是選對了呢。
畢竟出社會上班後就很難來了呀。
多拍幾張照片分享給大家看吧。
那個人也是日本人嗎？

你好！
三個女生自己來旅行？
對！在IG上看到照片後很想親自來看看。
IG？
欸～原來是這樣啊。
祝妳們玩得愉快。
謝謝～。
他是背包客嗎？
這時期一般人應該都在上班才對，不曉得他是做什麼的。

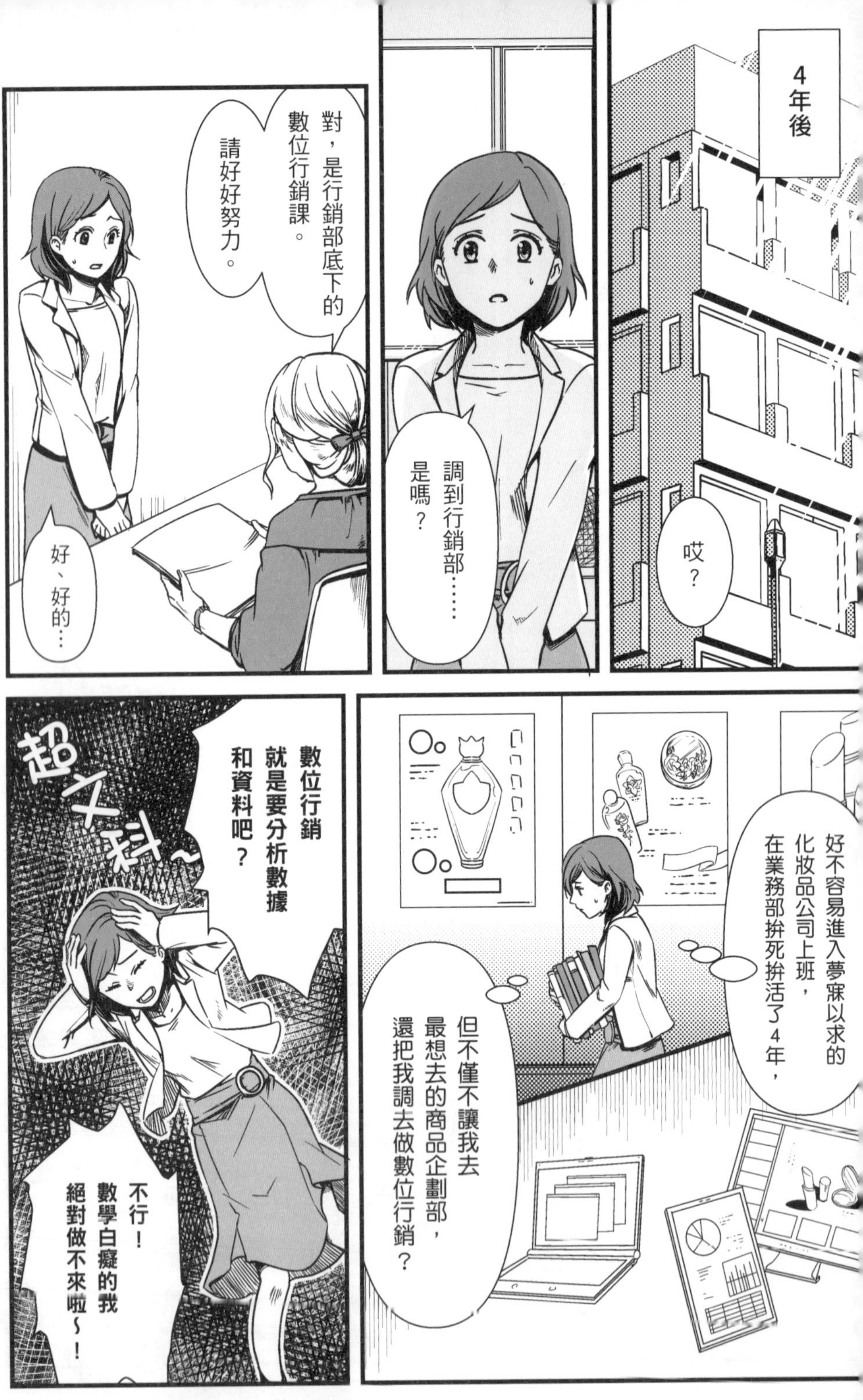
4年後
哎？
調到行銷部……是嗎？
對，是行銷部底下的數位行銷課。
請好好努力。
好、好的…
好不容易進入夢寐以求的化妝品公司上班，在業務部拚死拚活了4年，
但不僅不讓我去最想去的商品企劃部，還把我調去做數位行銷？
數位行銷就是要分析數據和資料吧？
超文科～
不行！數學白癡的我絕對做不來啦～！

半個月後
唉——……
完全提不起勁啊……
黑岩拉麵
好！今天就犒賞自己
好好吃一頓拉麵
拿出幹勁吧！
歡迎光臨。
一碗蒜頭拉麵，
加點叉燒。
我開動了——。
簌簌
第二次果然是
轉機呢。

烏尤尼鹽湖來了很多女性遊客，
嗯？烏尤尼鹽湖？
一問之下才知道他們是在IG上看到照片才慕名而來的。
原來是這樣啊
那時我就感慨，現在的市場行銷真的跟以前不一樣了呢。
啊～！是那時候的！
啊！妳是那時候的！
當時謝謝妳提供了寶貴的意見。
最近好嗎？
嗚嗚……其實我過得不太順利。
哎，是這樣嗎？

我最近被公司分配到新設立的數位行銷部門，但我根本不知道該從哪裡開始著手……
可是公司催我要快點提高產品的銷售額……
這樣啊……那可真是棘手呢。
看在上次旅途中相識的緣分，要不然我分享一些我知道的知識吧？
咦？原來您是從事行銷工作的嗎？
我還以為您是自由漂泊的背包客呢。
哈哈哈！

我很喜歡旅行，上次遇見妳的時候恰好是我第二次的環遊世界之旅。
看到世界在兩次環遊之旅間有這麼大的改變，真的很吃驚呢。
正式自我介紹一下，我叫西井敏恭。
西井敏恭
行銷專家
我是他的部下津下本。
我在一間名叫「Oisix」的食品宅配公司擔任執行董事……
Oisix
啊，好漂亮的網頁！看起來好好吃！

Thinqlo
同時在另一間叫Thinqlo的公司為許多企業提供行銷的服務。
哇，真的耶！網站上有你的照片！
這些年來我已經當過十幾間公司的行銷顧問了。
哇啊啊啊啊~
難道說這個人……是厲害的大神嗎……
拜託您了！請教我數位行銷！

前言

大家好，我是數位行銷師西井敏恭。會從架上的書海中拿起本書，相信你應該是行銷工作的從業者才對。當聽到數位行銷這個詞，不知你的腦中第一個浮現的是什麼呢？SEO、網站分析、廣告投放、社群網路行銷……。相信不少人都以為從事數位行銷必須具備IT或Web的知識，是一門必須精密分析各種資料的專門學問吧。上述的這些的確都是數位行銷中的重要主題，但充其量只是行銷的手段。行銷的目的在於建立「可持續銷售產品的機制」，並持續提高銷售額。而數位行銷的意思，就是利用數位科技來達成這個目的。企業的存在目標就是提升銷售額。換句話說，數位行銷是一門對所有職種、企業，乃至所有從商人士都很重要的課題。

然而，相信初學者在學習數位行銷的時候，都會有種「不知道該從哪裡著手……」的感覺。因此本書將針對不具備任何知識和經驗的讀者，具體而微地介紹數位行銷的基本概念。在後面的章節，我將深入淺出地講解該如何運用顧客數據、廣告投放、以及社群網路，建立對企業和小商家都能派上用場的「持續把產品賣出去的機制」。

在我剛進入行銷界的時候，業界還幾乎不存在任何數位工具和數位行銷的專門知識。在那個時代，我是一邊摸索一邊從做中學，切身體會到了利用數位行銷所帶來的銷售額增長。現在則在Oisix ra daichi株式會社擔任行銷部門的執行董事，並且在株式會社Thinqlo幫助各家企業推展行銷工作。本書的內容也將包含許多我自己的從業經驗，希望能為各位提供參考！

西井敏恭

目次　精準激發顧客購買欲的數位行銷

第1章 什麼是數位行銷？

第2章 提升銷售額的祕訣是增加常客

第3章

廣告是與顧客溝通的入口

第4章 改善網站的重點在於找出「林相」

第5章 成為一名真正的行銷員必須具備的技能

第1章

什麼是數位行銷？

黑岩拉麵
我想說比較方便所以選了同一間店，但妳是不是比較喜歡咖啡廳？
不要緊，我很喜歡這裡的拉麵。
握
話說回來，沒想到對數字過敏又是文科血統的我會被派去做數位行銷……
還以為自己永遠都不會跟這個世界有交集的說……
沒有那種事喔，現在幾乎全世界的人每天都會上網查資料對吧？
聽說那裡很好玩喔
聽說這個很好吃喔
所以不論是誰、從事哪種工作，都多多少少跟數位行銷脫不了關係喔。

話說白石小姐，妳認為行銷是什麼樣的工作呢？
嗯——就是思考怎麼把商品賣給客人……是這樣嗎？
這麼說倒也沒錯，
但我認為行銷的本質是**「建立可持續銷售的機制」**，不是「銷售」而是「持續銷售」，
也就是勾起人們心中「想買」的欲望。
賣
商品
想買
商品
可持續銷售的機制……
如果做得到的話是很好啦，但這麼高深的東西應該只適用於非常創新的商品內容吧？
B公司
因為在影音網站的廣告而知名
A公司
在社群網路大紅！
嗯嗯嗯
我也來試試
完全不行
……
我們只是間小型的化妝品公司，所以之前都是研究其他公司，
然後模仿熱門商品的宣傳戰略，結果卻完全不順利。

果然還是得把網站做得更吸引人……
投放更多廣告……
唸唸有詞
嗯嗯
學習其他公司的案例雖然很好，但我並不推薦直接照本宣科喔。
首先應該分析現狀，找出自家公司的強處和可改善的地方。
意思是將商品的企劃從頭開始反省嗎？
不不不，不用那麼費力。
比如「顧客是出於何種需求才消費這樣商品？」
「該顧客消費了同一樣商品多少次？」
「一次都消費多少件？」等等，
將消費情形整理一遍，然後分析這些資料、交叉比對。

首次消費的人很多，但再次消費的人卻非常少。
說不定是在這段時間被其他同類商品吸引走了……
行銷負責人
等商品差不多快用完的時候寄折價券試試看吧。
譬如若發現存在「大多數人買過1次就不會再買第2次」的問題。
就可以考慮嘗試「在該化妝品快用完時，寄促銷廣告提醒顧客再次消費」的策略。
只要分析銷售額無法提升的癥結點在哪裡，理論上自然就能找出應採取的對策。
重要的是①分析現狀②與顧客進行適當的溝通
就能建立可持續銷售的機制。
原來如此

那個……不好意思！
脫
黑岩武雄
拉麵店店長
剛剛講的，能不能請您也教教我?!
哎？
那、那個，說來慚愧，其實我這裡最近都沒什麼客人光顧……
我一直有去發傳單什麼的……
正煩惱時剛好聽見了你們的對話，所以就忍不住偷聽了一下。

空蕩蕩～…
說起來這間店的麵雖然好吃，但除了我之外的確沒什麼客人呢。
能不能也請您給我一點建議呢！
微笑
當然沒問題。
非常謝謝您！
我們一起加油吧！

1-1「行銷」就是建立「可持續賣出商品的機制」

「行銷」有很多種涵義

會從書架上拿起本書的，相信都是對行銷感興趣的讀者。但是，你是否曾經思考過「行銷」究竟是什麼意思呢？

聽到行銷這兩個字，相信許多人的腦海都會浮現「市場調查」、「數據分析」、「廣告」、「宣傳」等字眼。根據公益社團法人日本行銷協會的定義，行銷指的是「針對組織內外，經過統合、調整的研究、產品、價格、宣傳、流通，以及與顧客、環境關係等有關的各種活動」；但在本書中，則將行銷一詞定義為「建立可持續銷售的機制」。而本書接下來要介紹的所有行銷方法和案例，都跟「建立可持續銷售的機制」有關。所以為了理解後面將要講解的內容，請先記住「行銷＝建立可持續銷售的機制」這句話吧。

▸本書對「行銷」的觀念

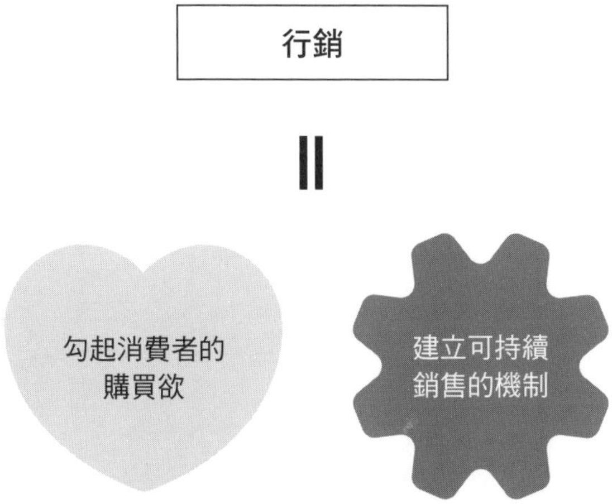

「購買欲」和「可持續銷售的機制」

那麼「可持續銷售的機制」又是什麼呢？

要想把持續把商品銷售出去，就不能讓每位客人只購買一次，而必須讓他們持續回頭消費。換言之，所謂的可持續銷售的機制，就是**勾起消費者的「購買欲望」，建立使他們願意重複消費的機制**。

在過去的時代，行銷這件事通常是以企業為主體，思考「如何」把商品賣出去，然後投放廣告和宣傳。但在未來的時代，如何勾起消費者的「購買欲望」，建立可持續銷售的機制更為重要。

✓消費者早已看透企業的「銷售欲望」

為了建立「可持續銷售的機制」，就必須勾起消費者的「購買欲望」。現代絕大多數的人都會上網蒐集資訊，且非常容易透過社群網路發表評價，因此企業的「銷售欲望」早已被消費者看得一清二楚。因此，在建立可持續銷售的機制時，如何勾起消費者的「購買欲望」乃是一大重心。

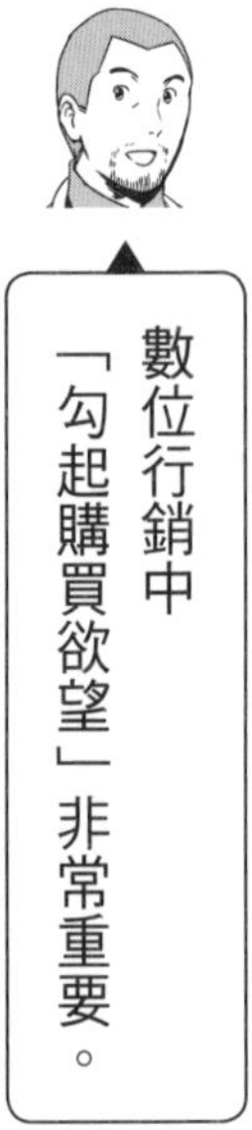
數位行銷中
「勾起購買欲望」非常重要。

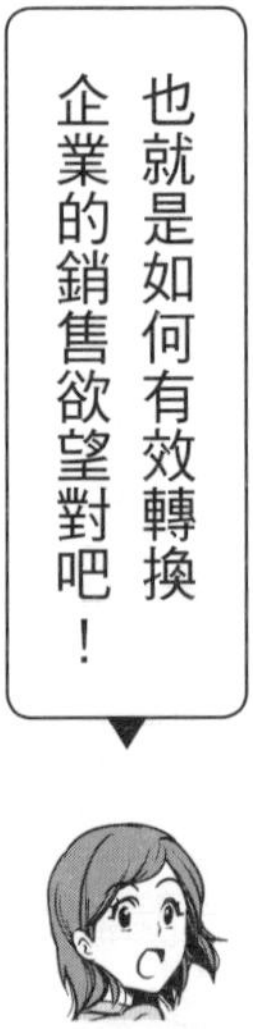
也就是如何有效轉換
企業的銷售欲望對吧！

▸從企業的「銷售欲」連結到顧客的「購買欲」

在企業的「銷售欲」已被消費者看透的現代，如何讓顧客自己產生「想買」的念頭，就是數位行銷的工作！

1-2 數位行銷要從分析自家公司開始

要注意其他公司的成功案例不見得適合自家公司

在做數位行銷的時候，首先請分析自家公司的銷售額和顧客，從理解現狀開始做起。我常常見到以為「總之採用跟競爭對手一樣的策略就對了！」直接把其他公司的做法照搬過來有樣學樣的案例。然而，由於自家公司跟其他公司的狀況不會一模一樣，所以就算用了其他公司的成功策略，不見得自己也會成功。唯有採取最適合自家公司的行銷策略，才能勾起顧客的「購買欲」。

參考其他公司的做法並沒有錯，但更重要的是先分析自家公司的狀態，再依現狀檢討行銷策略。請找出自家公司的銷售額停滯不前的原因，再思考應該採取何種策略才能改善此問題。

數位行銷的變遷

2000～2005年	橫幅廣告／SEO／SEM／電子報／聯盟式行銷
2006～2010年	流量分析／電子郵件行銷／部落格
2011～2015年	社群網路／智慧手機／大數據／DMP
2016～2020年	AI／AR／VR／網路影片／即時通訊／行銷自動化

不要採用最新的方法

數位行銷的方法日新月異，每年都有新事物誕生，而最近的焦點則是影視網站和AI。數位行銷的變化非常快速，今天流行的方法可能明天就被拋棄，採取最新的科技不一定就能提高銷售額。重要的是找出能成為自家公司銷售額基石的行銷策略，譬如聯盟式行銷現在對許多公司仍是銷售額基石級的重要行銷策略。

用語解說

什麼是「聯盟式行銷」？

一種分潤型的廣告，以打開自家商品銷路為目的之行銷手法。在部落格或社群網站等聯盟式網站上介紹自家商品，若有人經由該網站點擊並購買該商品，網站經營者就能得到分潤的機制。可分得的金額由購買件數和銷售額乘上一定的分潤比例決定。

思考行銷策略的重點在於集客和接客

這裡讓我們承接前述的內容，整理一下行銷的原則吧。首先要分析自家公司的銷售情況和客群，分析問題所在，接著再分別針對集客和接客兩層面對症下藥。

在數位行銷中，除了傳統的集客方法外，還有網路搜尋和社群網路這兩種新的集客路線。此外，在接客方面也能透過分析顧客數據來提供量身打造的產品體驗。請加入這些新時代的元素來檢討行銷策略吧。

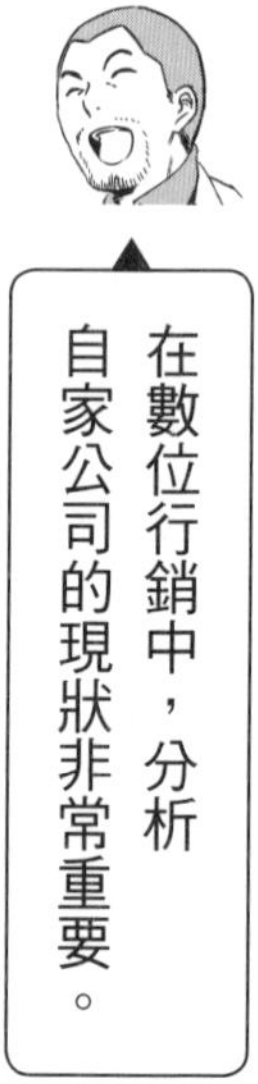
在數位行銷中，分析自家公司的現狀非常重要。

也就是要依照自家公司的體質來思考如何集客和接客對吧！

▸思考集客和接客的策略

①如何集客？

也就是思考該如何讓顧客
點開自家的官網和社群！

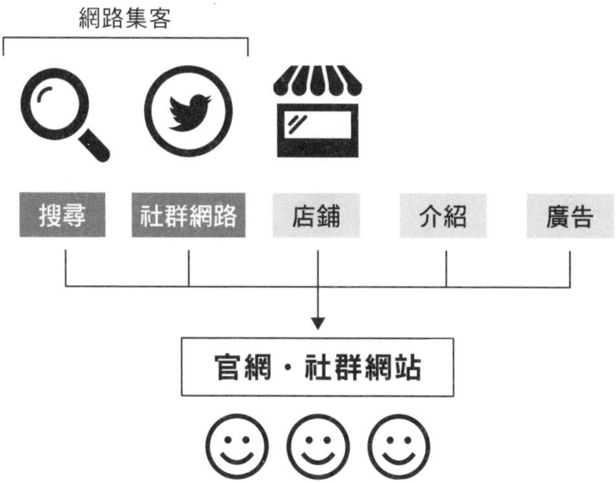
網路集客
搜尋
社群網路
店鋪
介紹
廣告
官網・社群網站

②如何接客？

也就是思考要對
上門光顧的顧客做什麼！

1-3 理解顧客心理，作為思考行銷策略的提示

消費者的心理和行為也與數位化息息相關

數位行銷之所以重要，是因為現在世界萬物和顧客的接觸點都在數位化，可透過數位方法辦到的事情愈來愈多。數位的接觸點增加後，消費者的購物行為也發生改變。過去的人們常常在電視或路邊看到廣告就馬上決定購買，但現代人卻會在看上一件商品後上網搜尋評價，或是在社群網路上分享自己喜歡的商品，出現了新的行為，強烈影響消費者的「購買欲」。

在數位行銷中，配合這個潮流去建立策略很重要。所以請先理解消費者的消費心理和行為，並將此當作思考行銷策略的提示吧。左頁的行銷漏斗就是其中一例。隨著顧客的心理階段推進，選擇購買的人數逐漸減少，因此會呈現一個漏斗的形狀。雖然行銷漏斗不一定適用於所有行銷策略，但仍可以作為參考。

▸消費活動中消費者的心理和行為變化

[行銷漏斗之例]

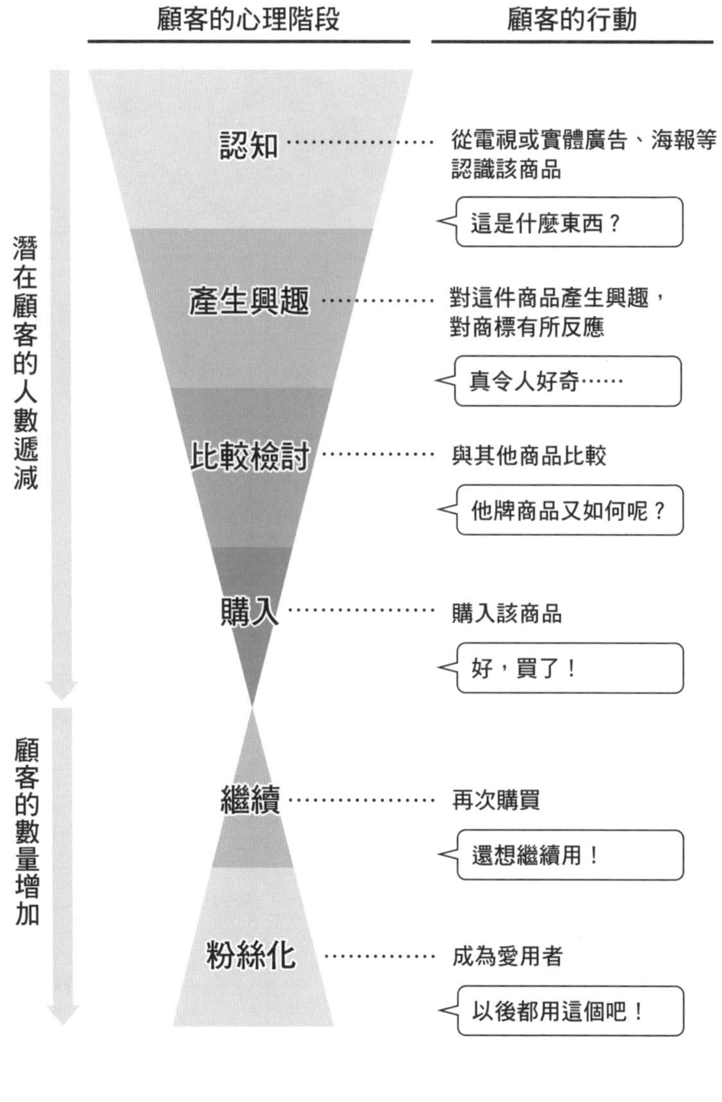
顧客的心理階段
顧客的行動
潛在顧客的人數遞減
顧客的數量增加
認知
從電視或實體廣告、海報等認識該商品
這是什麼東西？
產生興趣
對這件商品產生興趣，對商標有所反應
真令人好奇……
比較檢討
與其他商品比較
他牌商品又如何呢？
購入
購入該商品
好，買了！
繼續
再次購買
還想繼續用！
粉絲化
成為愛用者
以後都用這個吧！

我以前常常在思考
行銷這門學問有沒有
「絕對不會錯！」的正確答案，
但原來重要的
其實是**採取最適合**
自家公司現狀的策略啊。
沒錯。
雖然我
稍微搞懂
行銷究竟是
怎麼回事了，
但卻反而突然
更搞不懂什麼是
「數位行銷」了……。
不論傳統還是
數位行銷，
兩者基本都是
「建立購買欲」，
好想買！
商品
而數位行銷
只是在這之上
增加了**網際網路**
獨有的特性。
網際網路
獨有的特性？

第一是「搜尋性」，
URL
搜尋 拉麵 人氣
搜尋 拉麵 人氣
××拉麵
〇〇拉麵
□□拉麵
也就是任何人都能輕鬆取得資訊並加以比較。
其次是「雙向性」，
評價
不是只有企業能單方面地宣傳，個別消費者也能在網路上發表評價。
最後是「即時性」，
新菜單！明天正式開賣！
明天馬上去吃吃看！
看起來好好吃！
也就是所有訊息都能在當天、當下瞬間產生交流。

消費者
企業
傳統的行銷是以企業為主體，但現在**顧客行為的影響力愈來愈大**。
我自己在買東西時也常常上網看評價呢！
本來有點猶豫
這個很好用喔～！
就買這個吧！
的確，有感覺餐飲業的顧客比起以前嚴格了不少，
而且常常貨比三家，就算店家自己再怎麼強調「對我們的味道有自信」，要是網路評價不好的話，根本就不會有人上門……。
感覺進入數位時代後，企業方要小心的地雷好像變多了呢……。
就是說啊……
★★★
同一條街的話 ××軒 更好吃
值得參考 13
★★
不喜歡這家的招牌菜
值得參考
但另一方面，**數位化也使企業能比以前做到更多事！**

其原因就是「數據」！譬如超商都會在結帳時記錄「哪個年齡層、性別的顧客買了哪些東西」；
麵包
點心
集點卡
○○○小姐／先生
會員卡
美容院等商店則會推出集點卡記錄每位客人一共光顧過幾次。
但近年數位化後的新潮流是利用網路商店，在顧客購物時替顧客製作個人ID，藉此連結顧客資料和購物資訊。
ID
ID
ID
換言之，前面提到的公司現狀和銷售額分析變得更加明確了。
妳知道這個改變意味著什麼嗎？
嗯……可以取得的數據變多了？
沒有錯。
但最重要的差異，是可以藉此得知「顧客的時間軸」。
顧客的時間軸？

例如咖啡廳
利用app透過會員ID
來記錄顧客的消費履歷，
Cafe
〇〇〇
〇〇〇小姐／先生
ID
就能取得諸如
「是否為初次光顧？」
「如果是回頭客，上次買了什麼？」
或是利用問卷調查等
方式得知「該顧客
平時的生活型態」等，
各種各樣的數據。
而把這些資料
整合在一起……
顧客的時間軸
認知
初次光顧
第2次光顧
第3次光顧
發現店面
點卡布奇諾
點卡布奇諾
點卡布奇諾和麵包
可以取得每次消費的行為資料
就能把握像是「某顧客第一次光顧時
只點了卡布奇諾，但多來幾次後
開始會加買麵包」等，
每位顧客每次來消費時
所採取的行動。

本店已推出
手機app!
原來如此……！
難怪最近推出
自家app的店家
愈來愈多，
原來是為了
更加瞭解顧客啊。
譬如為初次光顧的顧客
提供只限下次消費使用的折價券，
對於經常消費，但是
每次都買相同商品的人，
則寄送新商品的宣傳。
限下次消費使用
折扣 10%
免費加送 1道
附餐折價券
持本券
消費者
炒飯
10% off
中華丼
10% off
來店的
折價券
煎餃
30元
off
湯品
30元
off
炒飯
50元
off
叉燒丼
50元
off
透過分析顧客的行動數據
得知時間序列，就能
在最適當的時間點
與顧客進行交流。
店
客
如此一來就能
為顧客提供良好的體驗，
抓住潛在銷售機會！
我學到了！

1-4 網路的3大特性「搜尋性」、「雙向性」、「即時性」

改變行銷生態的網路3大特性

網際網路的問世大大改變了企業與顧客的溝通模式。本書將之歸因為網路所具有的3大特性：「搜尋性、雙向性、即時性」。

搜尋性，也就是任何人都能在網路上自由搜尋情報，且能相互比較的特性。這使得消費者可以輕鬆比較同類型的商品。

雙向性，則是指企業和顧客都能在網路上發布資訊的特性。因為實際使用過該商品或服務的消費者所提供的評價，會比企業自家的廣告更加客觀，因此也更容易成為消費時的參考。

即時性，指的是任何人都能在第一時間傳遞最新的資訊。因為透過網路可以在當天、當下，瞬間與顧客進行交流，所以企業可以輕鬆地讓顧客在第一時間得知每日餐點的資訊或某商品的庫存量等。

▶網路具備的「搜尋性、雙向性、即時性」範例

搜尋性　任何人都能取得資訊並加以比較

這附近有2家拉麵店，
我該去A還是B呢？
A店好像比較遠……
A店的拉麵
一碗800元
味道清爽
徒步10分鐘
B店的拉麵
1碗1000元
味道濃郁
徒步5分鐘

雙向性　企業和顧客都能發布資訊

黑岩拉麵很好吃！
尤其味噌拉麵
超推薦！
黑岩拉麵的
味噌拉麵
評價很好，
去吃吃看吧！
本店的招牌餐點
是味噌拉麵！
我們十分講究
味噌的風味！
顧客
拉麵店

即時性　可立即發送最新資訊

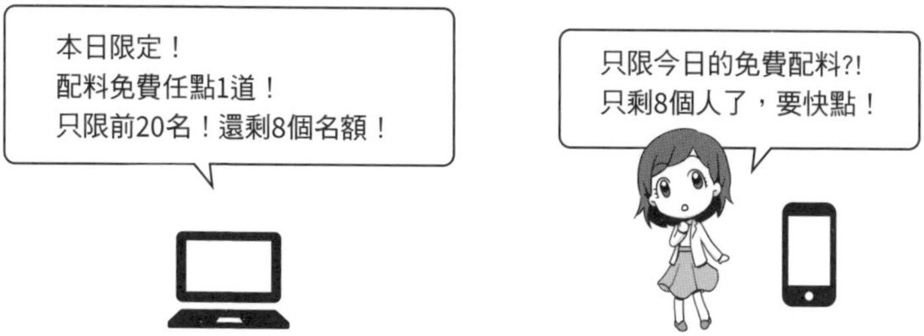
本日限定！
配料免費任點1道！
只限前20名！還剩8個名額！
只限今日的免費配料?!
只剩8個人了，要快點！

1-5 使用數位工具掌握「顧客的時間軸」

顧客資料和消費資訊緊密相連的時代

由於數位化潮流，如今的消費者非常容易取得資訊，也能輕易聽到其他消費者的感想。

與此同時，企業可使用的行銷手法也有所增加，可以透過官網、廣告、社群網路等多樣化的管道將資訊送到顧客手中。另外，像是銷售時點資料等消費資訊，也能與顧客ID相配合，將每名顧客的個人資訊，與他們所購買的商品種類和光顧次數等消費紀錄關聯在一起。

用語解說

什麼是「銷售時點資料」？

超商或超市等商店的銷售時點情報系統，實時記錄下來的商品銷售資料。店員在收銀台掃條碼結帳時，系統會把賣出商品的名稱和數量、金額、售出時間、店面資訊等資料記錄下來。由於從銷售時點資料可以看出哪些商品暢銷或滯銷、最容易賣出的時間帶、最常被消費的商品組合等訊息，所以常被用來規劃賣場布局和挑選進貨的商品種類。另外蒐集各店面的銷售資料，也能讓企業用來規劃銷售戰略或開發新商品。

▸數位化讓業主可獲取的資料層面變廣

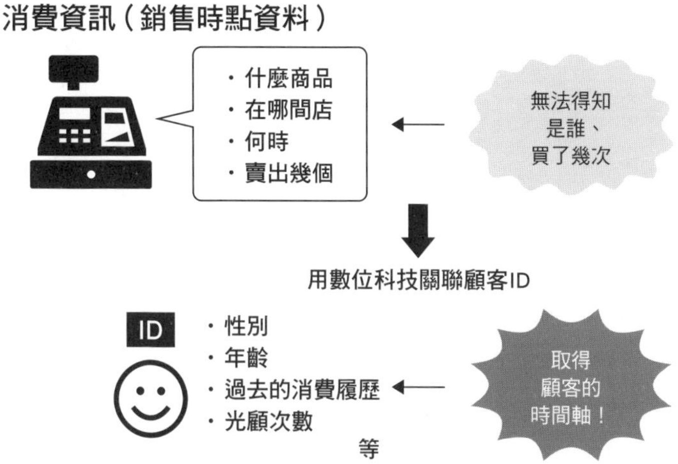
消費資訊（銷售時點資料）
・什麼商品
・在哪間店
・何時
・賣出幾個
無法得知是誰、買了幾次
用數位科技關聯顧客ID
ID
・性別
・年齡
・過去的消費履歷
・光顧次數
等
取得顧客的時間軸！

掌握顧客的時間軸

只要取得購買自家商品的顧客資料，就能掌握「顧客的時間軸」。所謂顧客的時間軸，就是某名顧客購買特定商品的總次數、前次消費時購買的商品之品項等，每一名顧客按時間排序的資料。

即使同一個人在同一間店消費了2次同一種商品，在過往也只會被當成兩筆獨立的消費數據。但只要掌握顧客的時間軸，就能整理成諸如「總計消費2次，第一次消費商品A，第二次消費商品B和C的顧客」，識別出每一位顧客的消費資訊。而這個顧客的時間軸資料，對於提升銷售額是不可或缺的。

✓區分顧客的時間軸就能得知對方是新客還是熟客

掌握顧客時間軸的目的之一，是要判斷對方是新顧客還是老顧客。只要在傳統的以全體顧客全年消費次數為基礎，算出年度銷售額的算式加入顧客的時間軸，就能分開計算新顧客和老顧客所貢獻的銷售額。

如果能區分新顧客和老顧客，就能依照顧客的時間軸擬定戰略。具體的取得方法我們會在第2章說明，其中一個例子就是發行會員ID和引進LINE。

在數位行銷中，「顧客的時間軸」非常重要。

只要知道顧客的時間軸，就能區別新顧客和回頭客！

▸加入顧客時間軸的全年銷售額算式

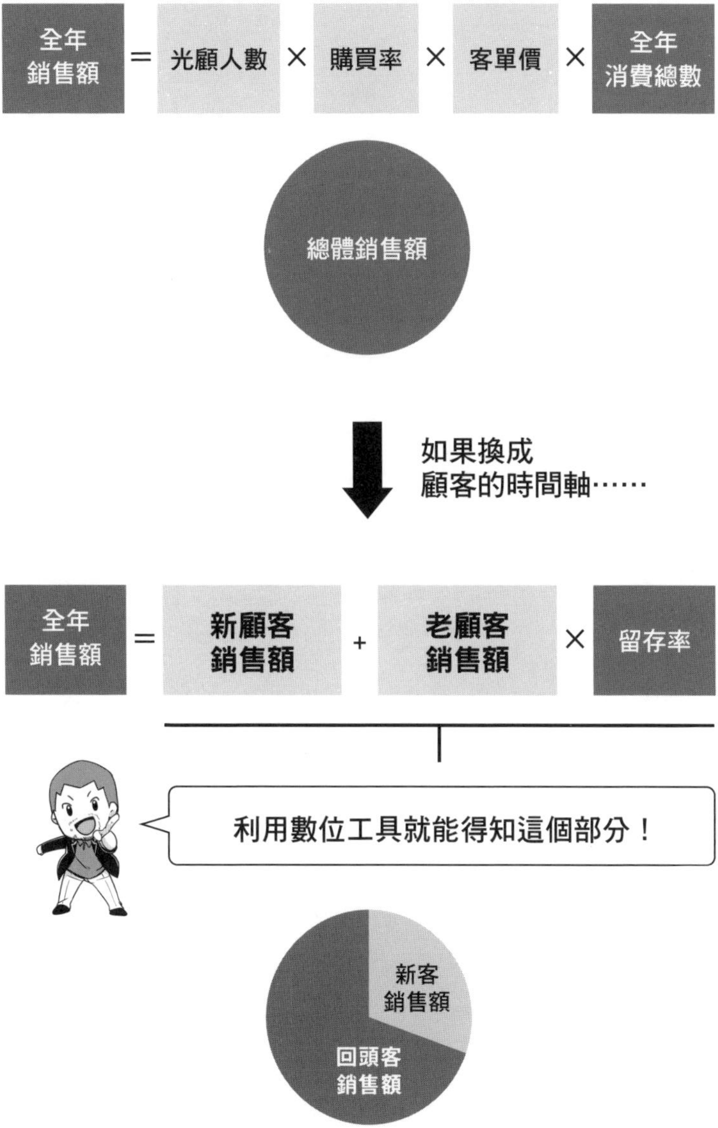
全年銷售額 ＝ 光顧人數 × 購買率 × 客單價 × 全年消費總數
總體銷售額
如果換成
顧客的時間軸……
全年銷售額 ＝ 新顧客銷售額 ＋ 老顧客銷售額 × 留存率
利用數位工具就能得知這個部分！
新客銷售額
回頭客銷售額

數位化時代前廣告效果只能用推算的

在還不能用數位工具取得顧客資料的時代，想取得顧客在特定時期的行為資料十分困難。譬如電視廣告雖然可以接觸到許多消費者，被認為是一種可以帶來大量顧客和消費次數的行銷策略，但在還無法取得顧客資料的年代，是無法正確得知一則電視廣告實際上究竟帶來了多少顧客和消費次數的。

因此，過往只能透過廣告播放後30秒內賣出了多少件商品，或是播放後30分鐘內在網路上被搜尋了幾次，間接推算廣告的效果。然而這麼做仍無法算出平均每名顧客的訂單取得成本（CPA）和轉換率（CVR）。

用語解說

什麼是「CPA」？

每名顧客的取得成本「Cost per Acquisition」的縮寫。顯示為了獲得一名新顧客需要付出的費用。例如假設打一則100萬元的廣告，可以吸引1萬名顧客購買該商品，則CPA就是100萬元÷1萬人，等於100元。CPA主要是用來衡量網路廣告效果的指標，有些企業會用申請數量或會員註冊數來當成取得的單位。CPA的金額愈低，代表該則廣告的效益愈好。

什麼是「CVR」？

顧客轉換率「Conversion Rate」的縮寫，有時又簡稱為轉換率。是一種以總顧客數為分母，實際消費或申請的人數等最終結果為分子計算出來的比率。一般在網路廣告中多以網站訪問人數為分母。例如某網站的訪問人數為100萬人，而經由該網站購買商品的人數為1萬人，那麼CVR就是1%。CVR的數值愈高，代表該則廣告吸客的效果愈好。

▸在沒有顧客資料的狀態下推測電視廣告的效果

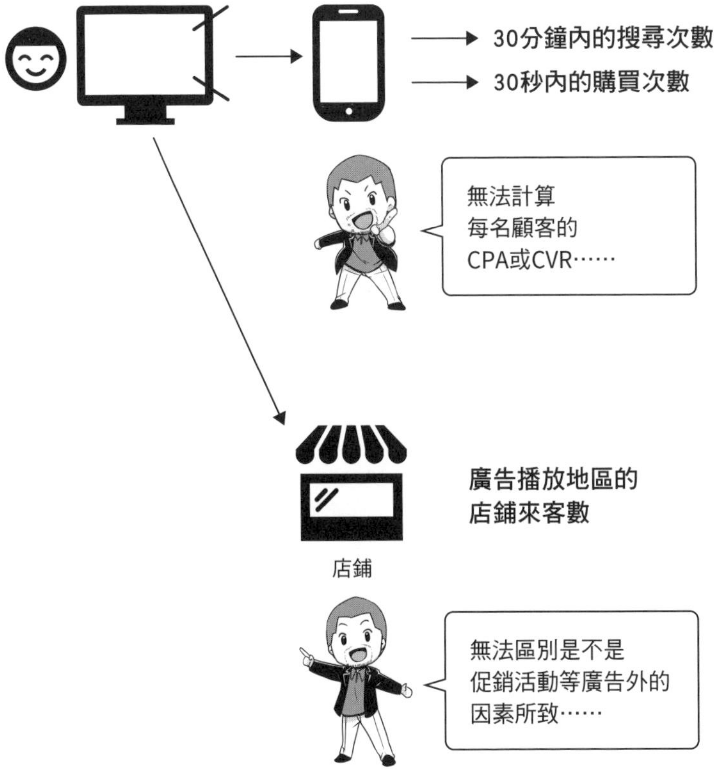
30分鐘內的搜尋次數
30秒內的購買次數
無法計算每名顧客的CPA或CVR……
廣告播放地區的店鋪來客數
店鋪
無法區別是不是促銷活動等廣告外的因素所致……

➡ **用數位工具取得顧客資料，就能得知顧客的時間軸，更精確地推測廣告成效！**

▶ 網路廣告成效的測量方法

可從用戶ID來分析年齡層、
居住地區、是新客或常客等資料，
分析用戶的時間軸
廣告費100萬元
每名顧客的
平均取得成本為
10,000元
CPA＝100萬元÷100人
＝10,000元

有100名用戶因這則廣告
轉換成實際消費

✓用數位工具對廣告效果做更精細的分析

使用數位工具取得資料，就能對廣告效果做更精細的分析。例如在網路上投放廣告的話，就能精確地得知該廣告的點擊人數和透過該廣告購買的人數。因此就能夠正確算出CPA或CVR（P44），驗證廣告的成效。更甚者還能取得購買者的年齡和居住地區、是新客還是熟客等「顧客的時間軸」，更精細地分析這則廣告對於哪種狀態的顧客最有效。

在認識數位工具對取得顧客資訊的重要性後，從第2章開始，我們將具體地說明究竟該如何運用這些工具。

第2章

提升銷售額的祕訣是增加常客

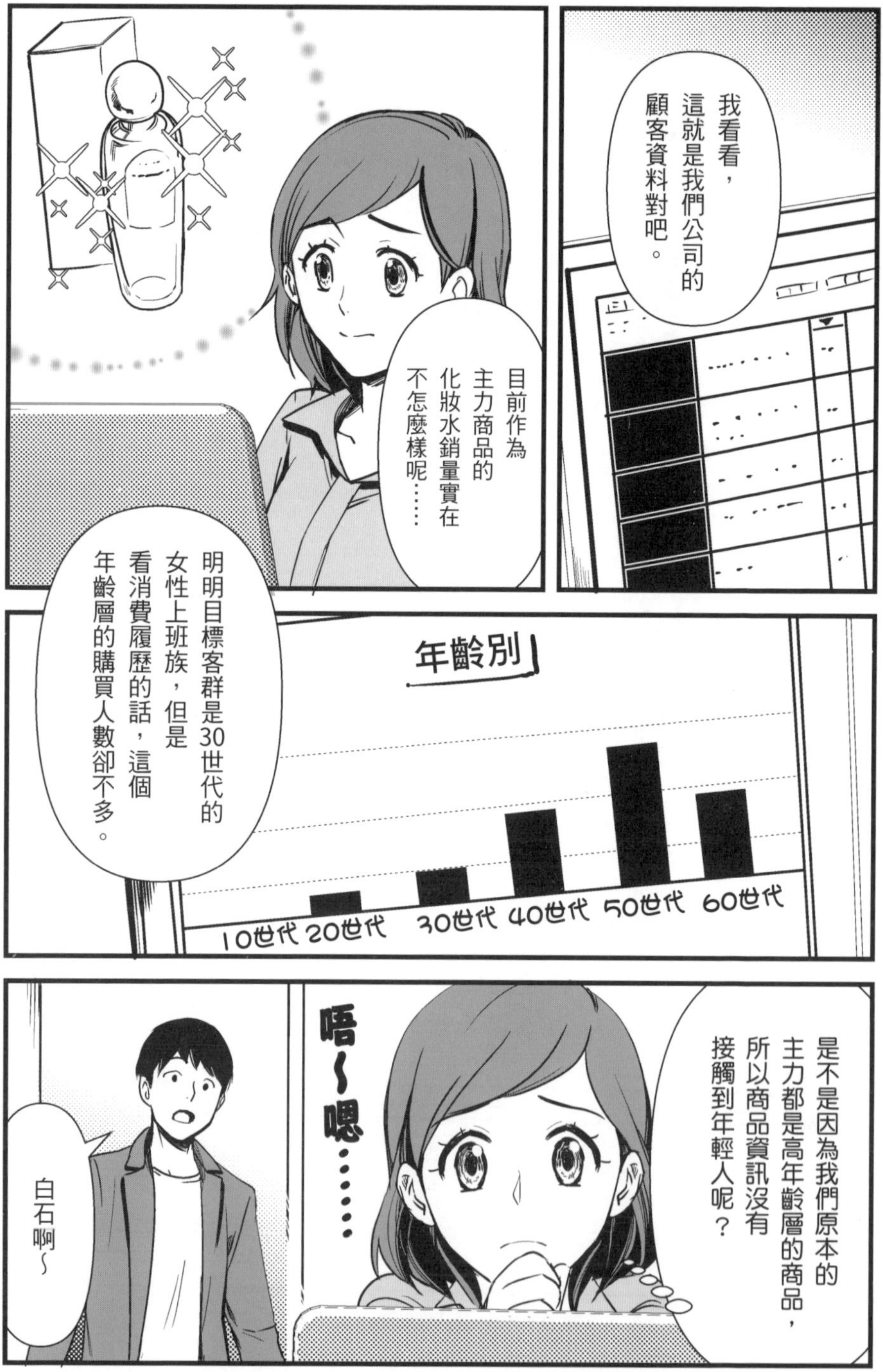
我看看，這就是我們公司的顧客資料對吧。
目前作為主力商品的化妝水銷量實在不怎麼樣呢……
年齡別
10世代 20世代 30世代 40世代 50世代 60世代
明明目標客群是30世代的女性上班族，但是看消費履歷的話，這個年齡層的購買人數卻不多。
是不是因為我們原本的主力都是高年齡層的商品，所以商品資訊沒有接觸到年輕人呢？
唔～嗯……
白石啊～

部長說，妳要申請廣告宣傳費的話就快點提出。
我、我知道了！
嗚嗚嗚……雖然還沒弄清楚問題在哪，不增加新客源的話銷量肯定上不去……
總之大量打廣告應該不會錯吧？
喀噠
喀噠
就豁出去一口氣申請100萬吧！
廣告宣傳費 ＋1,000,000
喀噠 喀噠
3個月後
上次的廣告應該差不多要看到效果了吧。
咦！怎麼會！

拉麵
西井先生~!
請救救我!
噗!
哎、怎麼了嗎?
原來如此，明明增加了宣傳費拉到更多新顧客，但銷售額卻幾乎沒有改變……對嗎?
點頭點頭
妳是認為要提升銷售額，就必須增加新客源，對吧?
其實……行銷計畫太依賴新客源是很危險的喔!
咦咦?!
妳看看這份圖表。

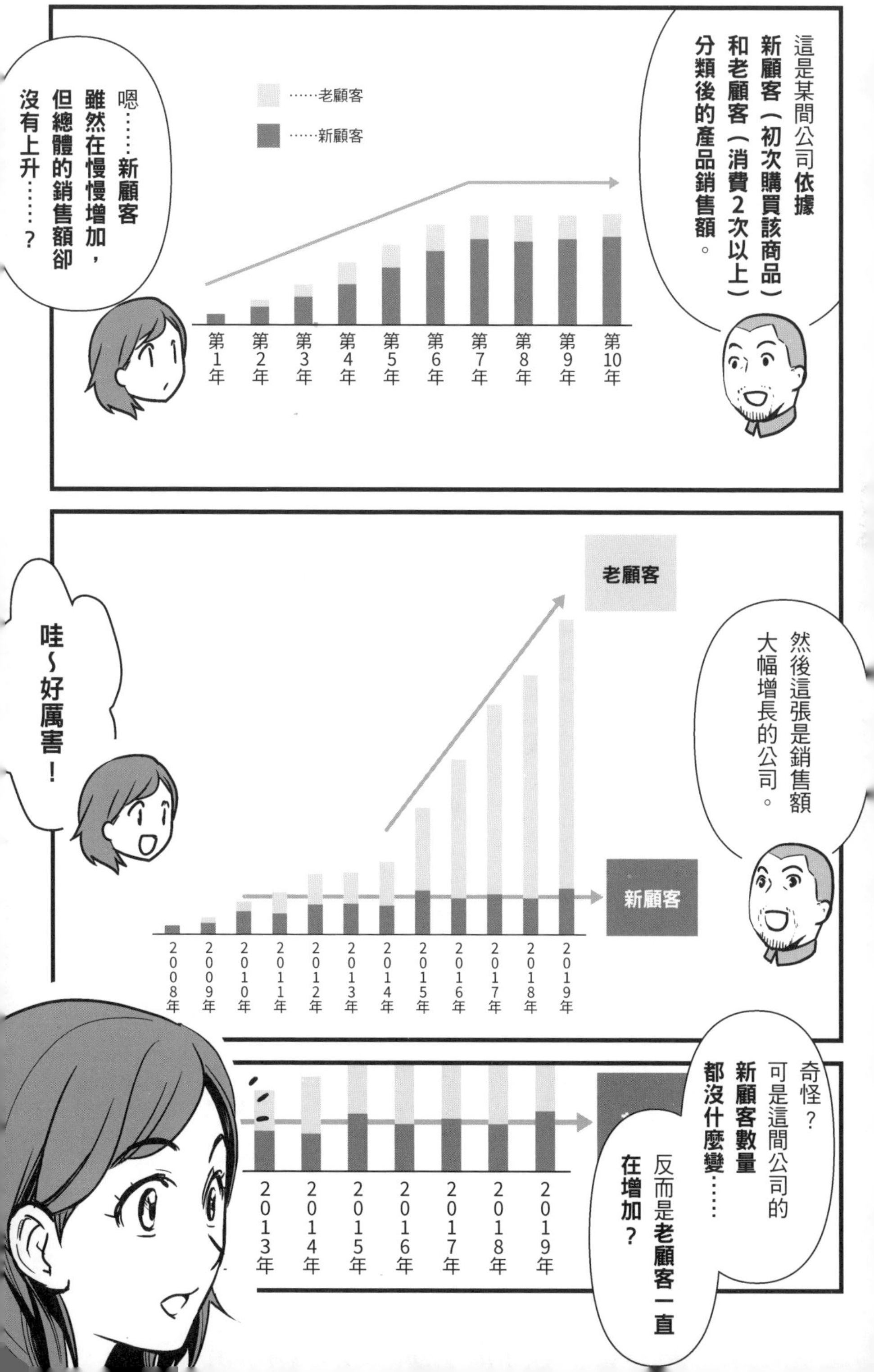

這是某間公司依據
新顧客（初次購買該商品）
和老顧客（消費2次以上）
分類後的產品銷售額。
……老顧客
……新顧客
第1年
第2年
第3年
第4年
第5年
第6年
第7年
第8年
第9年
第10年
嗯……新顧客
雖然在慢慢增加，
但總體的銷售額卻
沒有上升……？
然後這張是銷售額
大幅增長的公司。
老顧客
新顧客
2008年
2009年
2010年
2011年
2012年
2013年
2014年
2015年
2016年
2017年
2018年
2019年
哇~好厲害！
奇怪？
可是這間公司的
新顧客數量
都沒什麼變……
反而是老顧客一直
在增加？
2013年
2014年
2015年
2016年
2017年
2018年
2019年

沒有錯！
一般來說，第一次消費了某商品的人，在隔年也繼續消費同一商品的機率理想時是60%，不理想時則是30%以下。
第一次購買
下次繼續買
以後不買了
雖然隔年還會有新的顧客上門，但另一方面離開的人也很多，所以總體的銷量很難上升。
回頭
又買了
相反地，老顧客卻有消費次數一年比一年多的傾向。

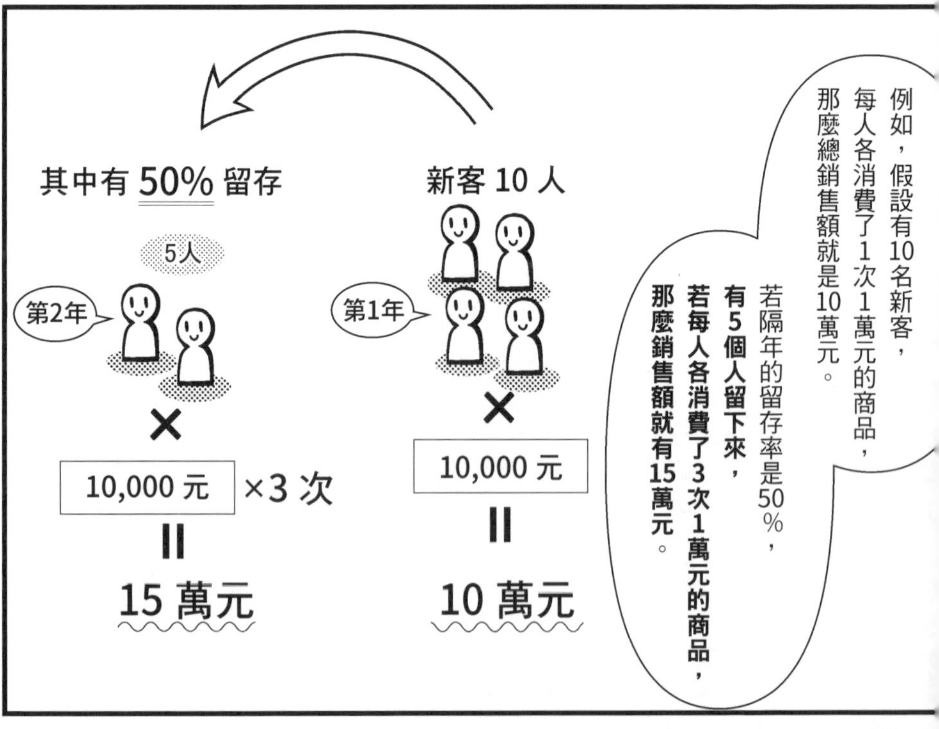
例如，假設有10名新客，每人各消費了1次1萬元的商品，那麼總銷售額就是10萬元。
若隔年的留存率是50%，有5個人留下來，若每人各消費了3次1萬元的商品，那麼銷售額就有15萬元。
新客 10 人
第1年
×
10,000 元
＝
10 萬元
其中有 50% 留存
5人
第2年
×
10,000 元 ×3 次
＝
15 萬元

雖然人數少了一半，但銷售額卻超過前一年對吧？
所以說只要**留存率超過50%，讓顧客留在妳這裡，銷售額就會提升！**
真的耶……！比起增加新顧客，**增加老顧客更能有效提升銷售額！**
這點很重要，我們再看得更詳細一點。

這張表叫**「階段圖」**，

是為了清楚區分新客和熟客，**依年度將顧客的消費資訊分解出來的表格。**

	第1年	第2年	第3年
用戶數	10,000	4,000	1,600
消費金額	$5,000	$6,000	$6,000
消費次數	1.3	3.0	3.0
用戶數		10,000	4,000
消費金額		$5,000	$6,000
消費次數		1.3	3.0
用戶數			10,000
消費金額			$5,000
消費次數			1.3
合計	$65,000,000	$137,000,000	$165,800,000

第1年	第2年	第3年
新客	熟客（第1年）	熟客（第2年）
	新客	熟客（第1年）
		新客

從上表可以得知第1年的新客有1萬人，第1年每人平均消費1.3次，1次消費約5000元。
到了第2年，留下來的顧客有4000人（留存率40%），
老顧客平均1年消費3次，1次消費約6000元。

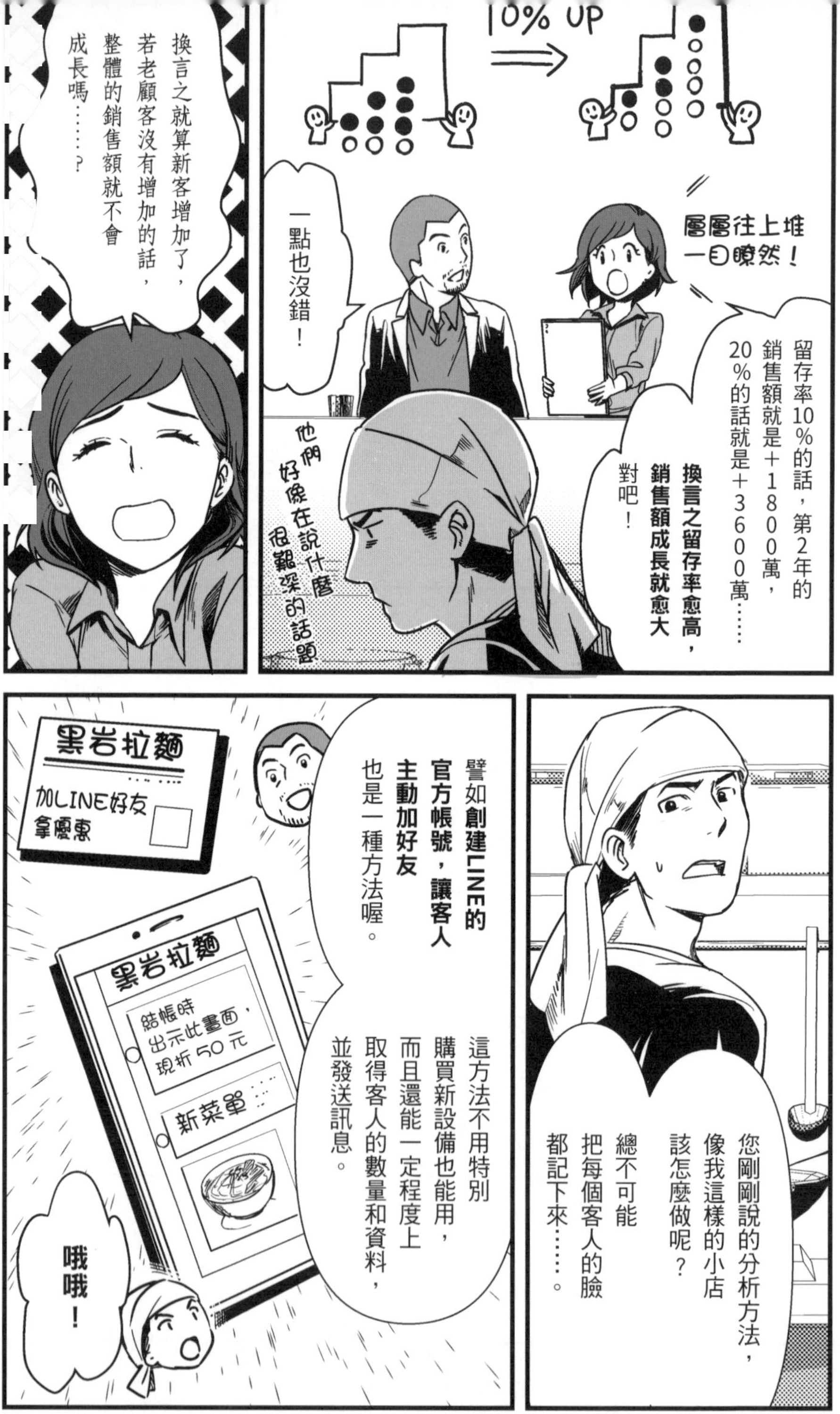
10% UP
層層往上堆
一目瞭然！
留存率10%的話，第2年的銷售額就是＋1800萬，20%的話就是＋3600萬……
換言之留存率愈高，銷售額成長就愈大對吧！
一點也沒錯！
他們好像在說什麼很艱深的話題
換言之就算新客增加了，若老顧客沒有增加的話，整體的銷售額就不會成長嗎……？
您剛剛說的分析方法，像我這樣的小店該怎麼做呢？
總不可能把每個客人的臉都記下來……。
譬如**創建LINE的官方帳號，讓客人主動加好友**也是一種方法喔。
黑岩拉麵
加LINE好友
拿優惠
黑岩拉麵
結帳時出示此畫面，現折50元
新菜單
這方法不用特別購買新設備也能用，而且還能一定程度上取得客人的數量和資料，並發送訊息。
哦哦！

對小商家而言，首先最重要的是與客人產生接觸點。
只要跟客人有接觸點，就能得知客人的消費狀況。
因為無法像有網路平台累積資料的大企業那樣馬上做出階段圖，
所以重點是與既有的顧客交流，取得他們的資料！
也就是說比起拉攏新客人，應該先好好珍惜我這個老主顧對吧！
啊？
我個人希望這家店可以引進電子支付呢，這樣不是方便很多嗎？
嗶一下就好
我才沒那個閒錢！
不，我認為這是個好主意喔。
哎？
你看吧！

當然等到有能力的時候
再引進也無妨，
不過電子支付具有
可自動記錄各種資訊的好處。
OOPay
信用卡
交通
我想未來應該會變得
更容易分析這些資料，
只要活用此類工具，
未來即使是小商家
要製作階段圖
也並非難事喔。
原來如此……
或許未雨綢繆提早引進
也不是壞事。
但是我現在
最大的煩惱是
願意長期光顧的
客人太少，
就算是第一次光顧
就誇讚很好吃的客人，
幾乎沒有人會再來
吃第二次，
好不容易才開了間
屬於自己的店，
我到底該怎麼做……

黑岩先生，這並不是你的錯喔。
「第二次光顧」是一道任何人都難以跨越的高牆！
F2
能否跨越這道高牆有一個非常重要的指標，我稱之為「F2留存率」。
F2留存率？

2-1 提升銷售額的第一步是提高留存率

提高留存率是最優先事項

想通過數位行銷提升自家公司的銷售額，首先要做的第一件事就是確實掌握新顧客和老顧客的銷售結構。

左頁的圖是用水桶和水龍頭來表現顧客的流動。即使能夠源源不絕地取得新顧客，如果大多數顧客都不滿意你的服務，迅速離去的話，就會像在一個破洞的水桶裡裝水。因為不論怎麼裝都裝不滿＝客人沒有留下來，所以銷售額也不會增加。

因此，此時最重要的就是先把水桶的洞補好。換言之，就是先想辦法確實把客人留下來後，再來思考開拓新顧客的方法，按照這個順序前進。

▸把水桶的洞塞住，提高留存率

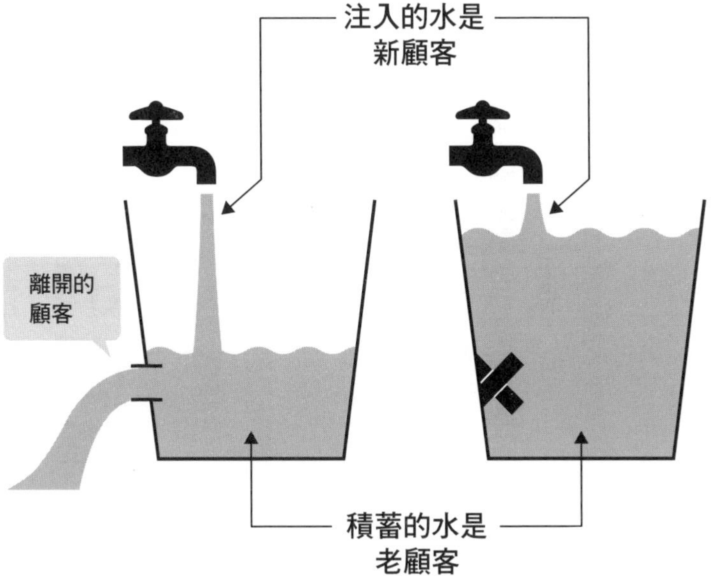
注入的水是
新顧客
離開的
顧客
積蓄的水是
老顧客

是對商品或服務
不滿足嗎？
客人接二連三地離去……
把洞補起來提升
留存率！然後再來
招攬新顧客！

2-2 認識顧客結構和銷售額的關係

就算顧客人數減少，只要消費次數增加，銷售額就會增加

在分析顧客結構的時候，請用一定的時間區來區分與顧客間的關係。在這裡我們把1年內首次消費的客人定義為「新顧客」，第2年後仍持續消費的客人定義為「老顧客」。

從左頁的上圖應該清楚看出，新顧客和老顧客即使消費頻率一樣，由於計算的時間長度不同，兩者的平均消費次數會有所差異。

在認識這點後，接著分別來看看新顧客和老顧客的銷售額貢獻。假設有10名新顧客每人每年消費2次1萬元的商品，則總銷售額是20萬元。

隔年，這10人中有5人留下成為老顧客，每人各消費了5次相同的1萬元商品，則總銷售額就是25萬元。可以看出，儘管人數減半，但貢獻的銷售額卻是老顧客比較多（左頁下圖）。

▸ 新顧客和老顧客的消費次數差異

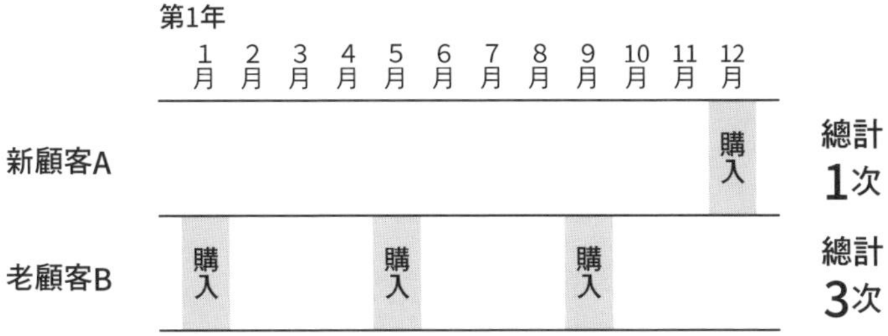
第1年
1月 2月 3月 4月 5月 6月 7月 8月 9月 10月 11月 12月
新顧客A
購入
總計 1次
老顧客B
購入
購入
購入
總計 3次

新顧客和老顧客的計算時間長度不同，
所以即使消費頻率一樣，全年的消費次數仍不相同。

▸ 新顧客和老顧客的銷售額差異

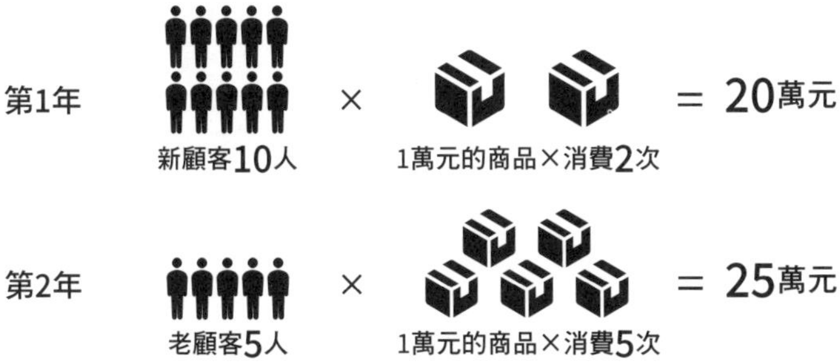
第1年
新顧客10人
×
1萬元的商品×消費2次
= 20萬元
第2年
老顧客5人
×
1萬元的商品×消費5次
= 25萬元

分析並掌握新顧客和老顧客貢獻的
銷售額很重要呢！

✓以年為單位分析新顧客和老顧客貢獻的銷售額

想詳細瞭解老顧客的狀態，就請分別分析新顧客和老顧客的資料，掌握兩者的變化趨勢。具體來說，以年為單位把銷售資料堆疊起來，整理成顧客分析表。

然後請檢查消費金額或消費次數的平均值，若發現這兩個數值有下降的情況，就必須思考解決對策。

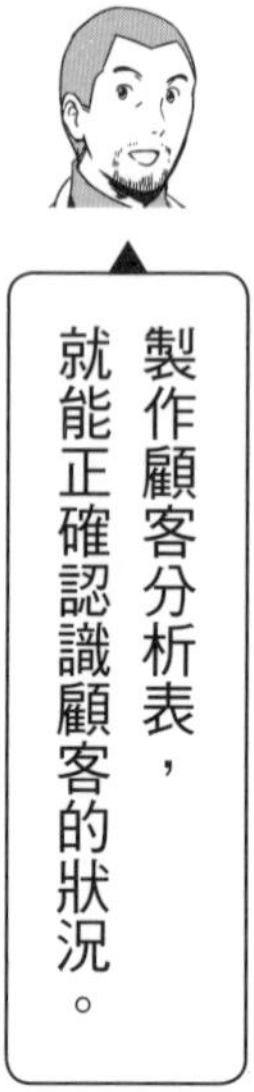
製作顧客分析表，就能正確認識顧客的狀況。

這麼一來就能找出哪裡有問題了呢。

▸6年間的顧客分析表

分類	項目	第1年	第2年	第3年	第4年	第5年	第6年
新顧客	用戶數	10,000	10,000	10,000	10,000	10,000	10,000
	消費單價	$5,000	$5,000	$5,000	$5,000	$5,000	$5,000
	消費次數	1.3	1.3	1.3	1.3	1.3	1.3
	全年消費金額	$6,500	$6,500	$6,500	$6,500	$6,500	$6,500
	合計銷售額	$65,000,000	$65,000,000	$65,000,000	$65,000,000	$65,000,000	$65,000,000
老顧客	用戶數	0	4,000	5,600	6,240	6,496	6,598
	消費單價	$0	$6,000	$6,000	$6,000	$6,000	$6,000
	消費次數	0	3.0	3.0	3.0	3.0	3.0
	全年消費金額	$0	$18,000	$18,000	$18,000	$18,000	$18,000
	合計銷售額	$0	$72,000,000	$100,800,000	$112,320,000	$116,928,000	$118,764,000
合計	用戶數	10,000	14,000	15,600	16,240	16,496	16,598
	合計銷售額	$65,000,000	$137,000,000	$165,800,000	$177,320,000	$181,928,000	$183,764,000
	留存率	0%	40%	56%	62.4%	64.96%	65.98%

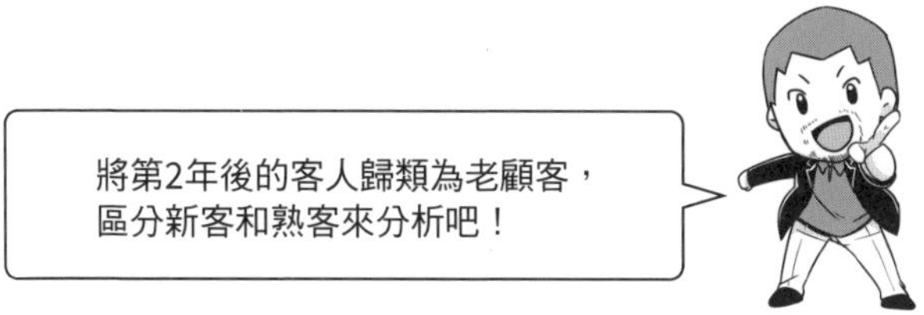
將第2年後的客人歸類為老顧客，
區分新客和熟客來分析吧！

✓留存率50％為分水嶺

做好顧客分析表後，接著要關注的就是顯示有幾％的新顧客能留到第2年的「留存率」。具體來說，第1年的新顧客到了第2年也留下來的比率有無達到50％乃是一個關鍵。左頁上方的分析表中，第1年的新顧客數量是1萬人，而到第2年仍留下來的老顧客是4千人，所以留存率是40％，沒有達到50％。

而左頁下方則是留存率40％，和留存率50％這兩種情況下的銷售額變化。由圖可見留存率50％時銷售額逐年增長，而留存率40％的銷售額卻停滯不前；留存率只差了10％，卻大大影響了第2年後的總銷售額成長。因此首先請以這個數字為目標，擬定讓新顧客留下來變成老顧客的策略。用P59的水桶比喻來說，提升留存率就是在堵住水桶的破洞不讓水流走。

那麼接下來，我們將更仔細看看顧客分析表，講解該如何研擬提升未來營收的策略。

▸依新顧客和老顧客分類的分析表

	項目	第1年	第2年
新顧客	用戶數	10,000	10,000
	消費單價	$5,000	$5,000
	消費次數	1.3	1.3
	全年消費金額	$6,500	$6,500
	合計銷售額	$65,000,000	$65,000,000
老顧客	用戶數	0	4,000
	消費單價	$0	$6,000
	消費次數	0	2.2
	全年消費金額	$0	$13,200
	合計銷售額	$0	$52,800,000
合計	用戶數	10,000	14,000
	合計銷售額	$65,000,000	$117,800,000
	留存率	—	40%

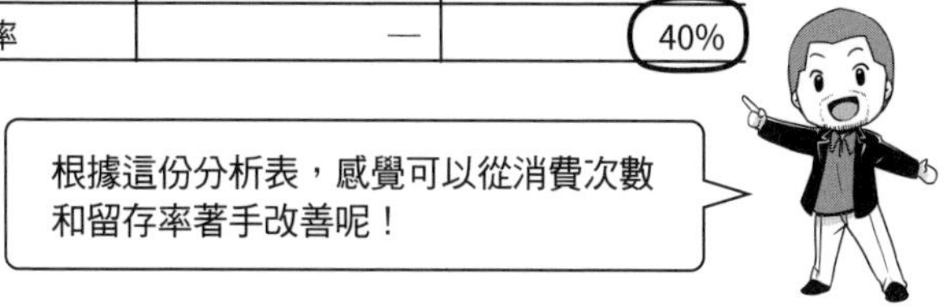
根據這份分析表，感覺可以從消費次數
和留存率著手改善呢！

▸留存率40%和50%的銷售額成長比較

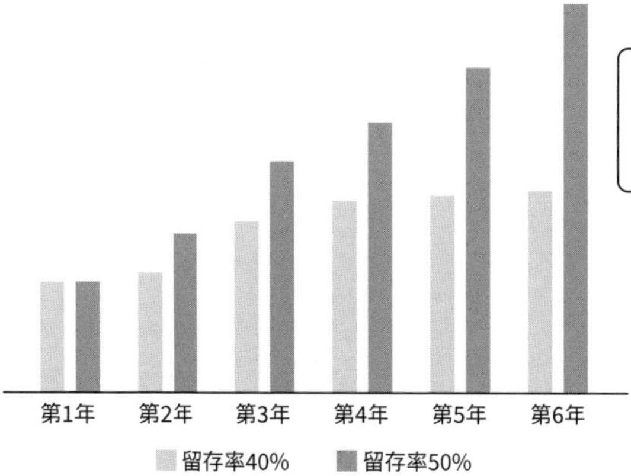
第1年
第2年
第3年
第4年
第5年
第6年
留存率40%
留存率50%

留存率只
提升10%就有
這麼大差異！

2-3 製作「階段圖」分析問題點

將顧客分析表轉換成階段圖

接著再以顧客分析表為基礎，更加清楚地掌握老顧客的狀態吧。也就是將區分新顧客和老顧客業績貢獻的顧客分析表，轉換成「階段圖」。所謂的階段圖，就是以年為單位區分顧客，橫軸是第1年、第2年、第3年……逐年排下去。然後隨著一年一年過去，將各年分的顧客資料順著縱軸堆疊，最底層就是新顧客。因為這樣堆疊起來的顧客資料看起來就像階梯的形狀，所以才叫階段圖。階段圖從左往右讀可以瞭解用戶從新顧客變成老顧客的推移狀況，從上往下看則可得知新顧客和老顧客在該年合計貢獻的銷售額。由此可見，製作階段圖可使每年度顧客的逐年變化情形一目瞭然。

▸將顧客分析表轉換成階段圖

顧客分析表

分類	項目	第1年	第2年	第3年
新顧客	用戶數	10,000	10,000	10,000
	消費單價	$5,000	$5,000	$5,000
	消費次數	1.3	1.3	1.3
	全年消費金額	$6,500	$6,500	$6,500
	合計銷售額	$65,000,000	$65,000,000	$65,000,000
老顧客	用戶數	0	4,000	5,600
	消費單價	$6,000	$6,000	$6,000
	消費次數	3.0	3.0	3.0
	全年消費金額	$18,000	$18,000	$18,000
	合計銷售額	$0	$72,000,000	$100,800,000
合計	用戶數	10,000	14,000	15,600
	合計銷售額	$65,000,000	$137,000,000	$165,800,000
	留存率	0%	40%	56%

在顧客分析表中，
所有老顧客的資料
都是混在一起的……

階段圖

	第1年	第2年	第3年
用戶數	10,000	4,000	1,600
消費金額	$5,000	$6,000	$6,000
消費次數	1.3	3.0	3.0
用戶數		10,000	4,000
消費金額		$5,000	$6,000
消費次數		1.3	3.0
用戶數			10,000
消費金額			$5,000
消費次數			1.3
合計	$65,000,000	$137,000,000	$165,800,000

但在階段圖中，
老顧客可依
年分區分！

第1年	第2年	第3年
新顧客	老顧客（第1年）	老顧客（第2年）
	新顧客	老顧客（第1年）
		新顧客

真的耶！
形狀就像階梯！

階段圖的製作步驟

階段圖是以首次消費的年分為縱軸，逐年的變化為橫軸來整理銷售狀況的表格。雖然乍看之下好像很難做，但其實只要有顧客資料和消費資料，任何人都能馬上做出來。

左頁簡單整理了階段圖的製作流程。只需取得必要的資料，用Excel加工、統計一下，就能做出自家公司的商品・服務的階段圖。對於有權限取得公司銷售資料的人，非常推薦各位找同僚一起來做做看。說不定會對自家公司的銷售情形有新的發現喔。

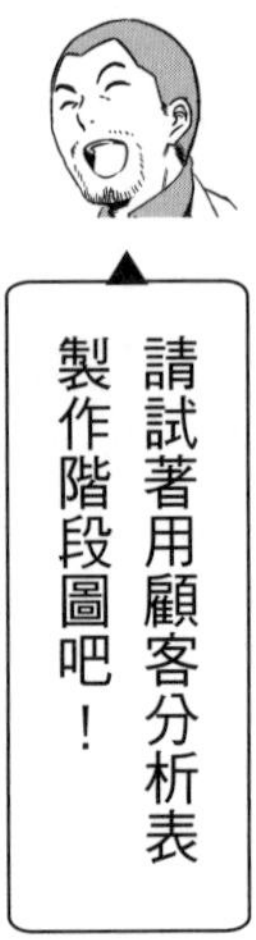
請試著用顧客分析表製作階段圖吧！

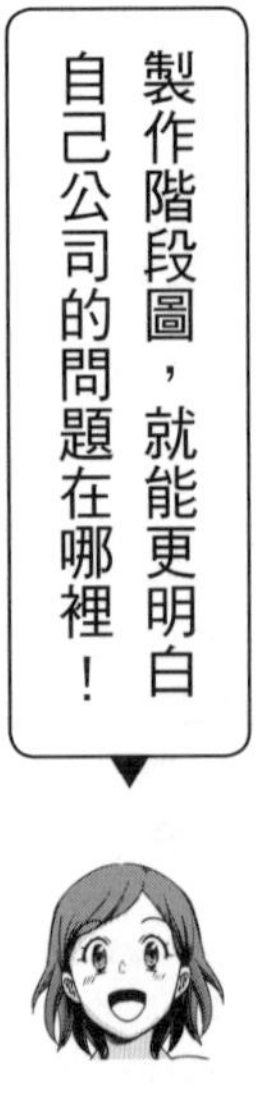
製作階段圖，就能更明白自己公司的問題在哪裡！

▸製作階段圖的3步驟

①取得資料

顧客資料：顧客ID、首次消費年
消費資料：顧客ID、消費ID、消費時間、消費金額

↓

②加工資料

連結首次消費年與消費資料

↓

③蒐集資料

把蒐集結果做成階段圖的形式

這裡已準備好
包含製作階段圖所需之
函數的Excel檔案！

請使用階段圖
分析自家公司的銷售情形吧！

掃描下載Excel檔案！

從階段圖的數字解讀問題所在

做好階段圖，接著就實際從階段圖來整理問題所在吧。

譬如以左頁的階段圖為例，第1年的1萬名新顧客中，只有4千人留下成為老顧客，留存率是40%。此時由於第2年的留存率沒有達到標準值的50%，所以是問題所在（P64）。相信只要調查另外60%新顧客解約的原因，就能改善銷售額。

同時，第2年的消費次數是3.0次，但第3年的消費次數卻下跌到2.0次，這也是一個問題。為什麼顧客的平均消費次數到第3年會下跌，背後的原因也需要弄明白。

還有，從這張階段圖還能發現第3年的新顧客數量比下跌至前一年60%。第1、2年時，每年都有1萬名新顧客流入，但到第3年卻下跌到6千人，代表新客源的開拓遇到瓶頸，需要改善做法。

由前可見，製作階段圖可以從結構上找出消費次數或新顧客減少等問題點，幫助我們弄清楚究竟該採取何種行動才能提升銷售額。

▸從階段圖整理問題點

問題①
留存率低於50%

問題②
消費次數減少

	第1年	第2年	第3年
用戶數	10,000	4,000	1,600
消費金額	$5,000	$6,000	$6,000
消費次數	1.3	3.0	2.0
用戶數		10,000	4,000
消費金額		$5,000	$6,000
消費次數		1.3	3.0
用戶數			6,000
消費金額			$5,000
消費次數			1.3
合計	$65,000,000	$137,000,000	$130,200,000

問題③
新顧客大幅減少

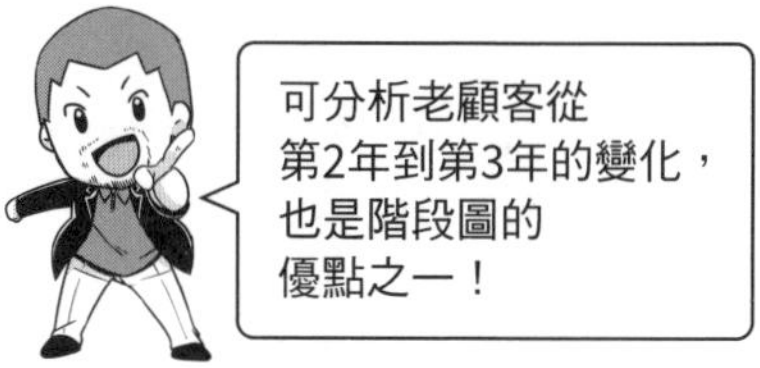
可分析老顧客從
第2年到第3年的變化，
也是階段圖的
優點之一！

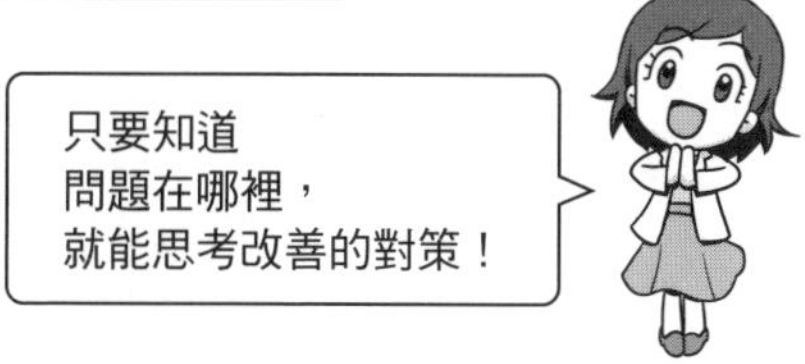
只要知道
問題在哪裡，
就能思考改善的對策！

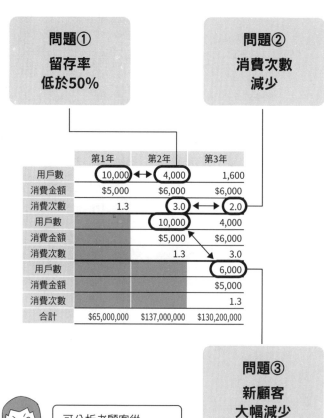

製作階段圖還能預測隔年的銷售額

前面我們已看過了消費次數和消費金額等指標，但階段圖最重要的是讓我們掌握不同年度的顧客處於何種狀態，然後研擬對策，這才是階段圖的目的。確實解析顧客結構，不僅可以預測隔年的銷售額，還可以從銷售目標反推，助我們判斷現在應該優先處理哪個問題。

這不只適用於電子商務，更適用於所種類的商品。譬如對於自動車這種長期性商品，在思考如何改善5年後的換車留存率這樣課題時，若手中握有具體的數據，就能預測5年後的銷售額。

製作階段圖可使每年度的階段性變化一目瞭然。

如何解讀留存率和消費次數很重要呢！

▸ 從階段圖解讀顧客的狀態

請以一年為一個階段，
思考該年度的「顧客處於什麼樣的狀態」！
下方的階段圖範例，
關鍵似乎藏在留存率中！

	第1年	第2年	第3年
第1年			
銷售額	$7,500,000	$4,590,000	$3,717,000
顧客數	1,000	300	210
平均消費單價	$3,000	$3,000	$3,000
平均消費次數	2.5	5.1	5.9
留存率		30.0%	70.0%
第2年			
銷售額		$9,000,000	$5,508,000
顧客數		1,200	360
平均消費單價		$3,000	$3,000
平均消費次數		2.5	5.1
留存率			30.0%
第3年			
銷售額			
顧客數			
平均消費單價			
平均消費次數			
留存率			
合計	$7,500,000	$13,590,000	$9,225,000

看不見的數值

因為第2年的顧客留存率較低，
所以問題在於如何阻止
新顧客離開嗎？

	F1	F2	F3	F4	F5
顧客數	10,000人	4,000人	2,400人	1,680人	1,340人
留存率		40%	60%	70%	80%

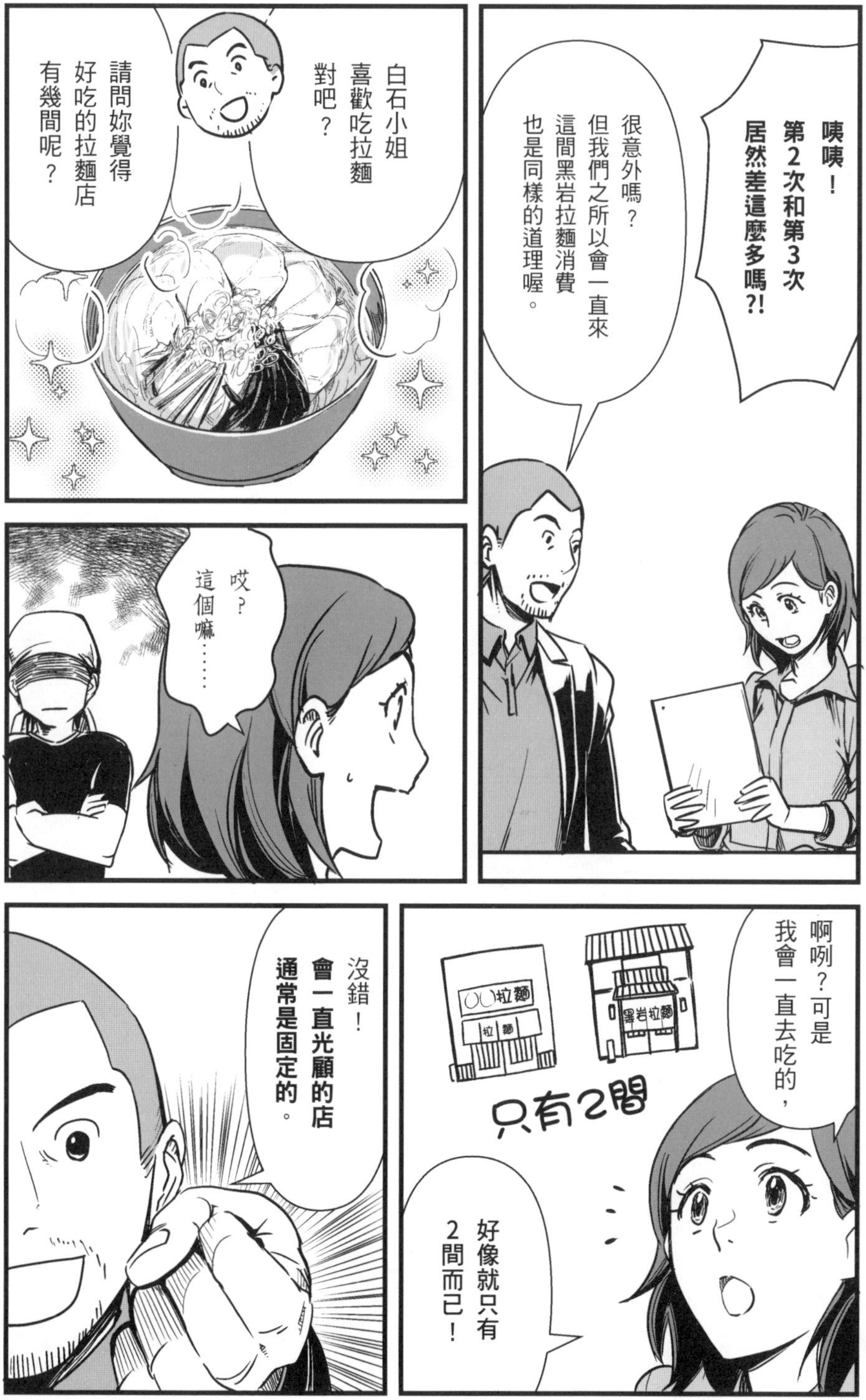
咦咦！第2次和第3次居然差這麼多嗎?!
很意外嗎？但我們之所以會一直來這間黑岩拉麵消費也是同樣的道理喔。
白石小姐喜歡吃拉麵對吧？
請問妳覺得好吃的拉麵店有幾間呢？
哎？這個嘛……
啊咧？可是我會一直去吃的，
○○拉麵
拉麵
黑岩拉麵
只有2間
好像就只有2間而已！
沒錯！會一直光顧的店通常是固定的。

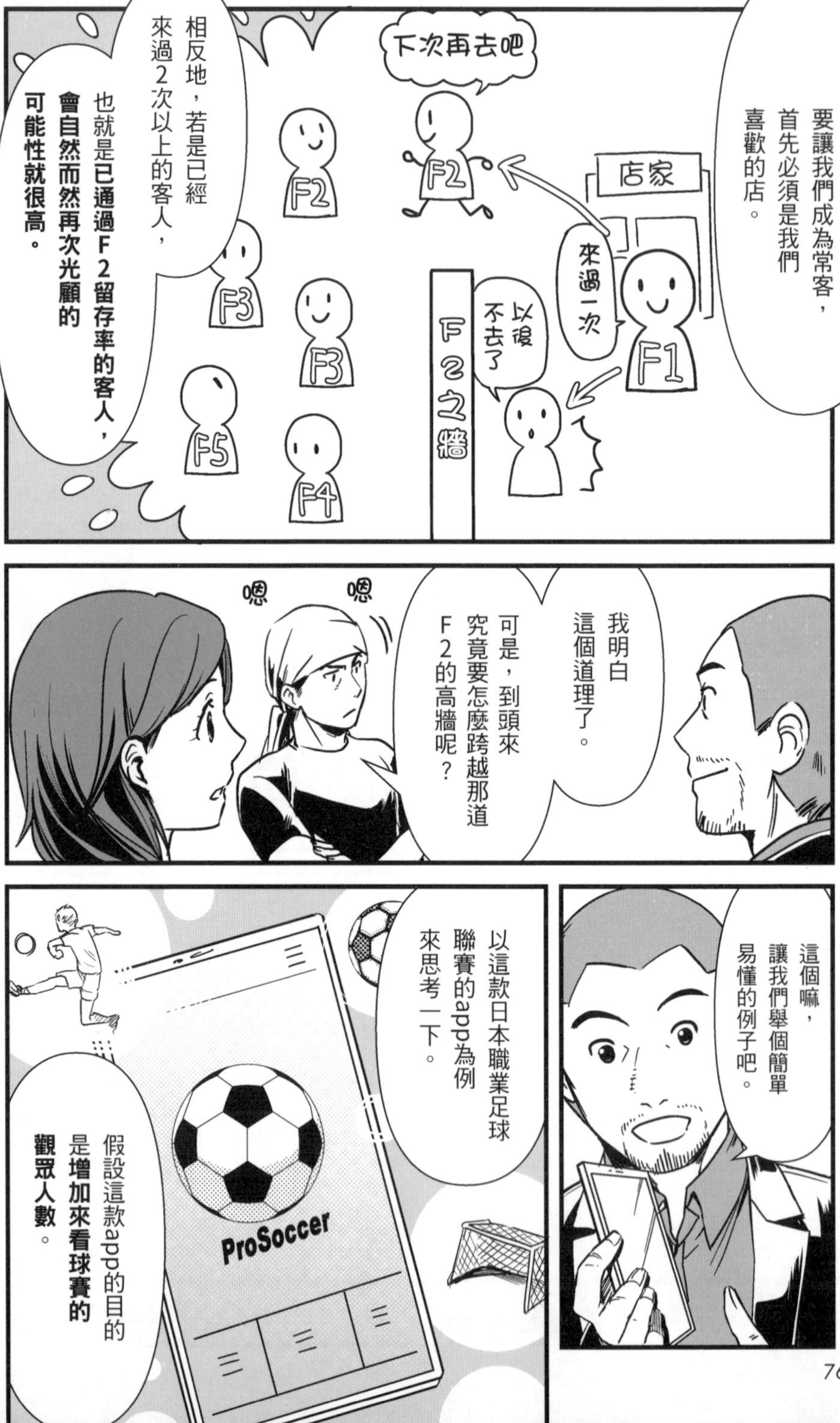
換言之，要讓我們成為常客，首先必須是我們喜歡的店。
店家
來過一次
以後不去了
下次再去吧
F1
F2
F2
F3
F3
F4
F5
F2之牆
相反地，若是已經來過2次以上的客人，
也就是已通過F2留存率的客人，會自然而然再次光顧的可能性就很高。
我明白這個道理了。
可是，到頭來究竟要怎麼跨越那道F2的高牆呢？
嗯
嗯
這個嘛，讓我們舉個簡單易懂的例子吧。
以這款日本職業足球聯賽的app為例來思考一下。
ProSoccer
假設這款app的目的是增加來看球賽的觀眾人數。

老鳥
菜鳥
只要建立會員系統，在用戶使用app時就能知道這個人是第一次看球賽，還是已經看過10次的老球迷。
折價券
下次購票
30% OFF
唔～嗯……
可是觀察數據，我們發現即使給首次觀賽的客人發放下次買票可用的折價券，客人的回頭率依然不佳。
哎，明明有打折的說？
?
難道說，這個折扣的價值對第一次消費的客人來說沒有吸引力嗎？
沒錯，有可能讓客人決定要不要看第2次的關鍵並非價格，而是像……
能否第一次觀賽就找到喜歡的選手！
!

要讓人初次觀賽就找到喜歡的選手，最好的方法是讓他跟熟悉比賽的人一起去，教導他各種比賽資訊和背景。
那個選手非常——，又很——喔
哦哦~~~！
此時有效的解決方法，是對已經來過很多次的顧客發放招待好友觀賽的優惠券。
下次約那個人吧！
優惠券
購買1張門票
即可免費招待
1名好友
入場
結果實際只對可能會帶朋友來觀賽的特定老顧客發放後……
回頭來看第2次的比率就上升了。
真好看！下次再來吧！
好耶！
原來如此！的確是這樣！
這只是其中一個例子。實際該如何跨越第2次的高牆，重要的是分析那面牆形成的原因。
請務必針對每種商品的特性思考對策。

會議室
為了提升這款化妝水的購買率，
我希望能重新檢討目前實施的產品試用企劃。
這款產品的賣點是「美白」效果，但是美白並不是能夠立即有感的東西，
因此市場雖然存在需求，但現有做法卻難以吸引消費者持續購買。
也就是說因為1週份的試用品無法讓消費者感受到效果，所以客人才會離開嗎……？
是的。因此，我想要在試用企劃中，
加入「時機」和「溝通」這2項武器。
？

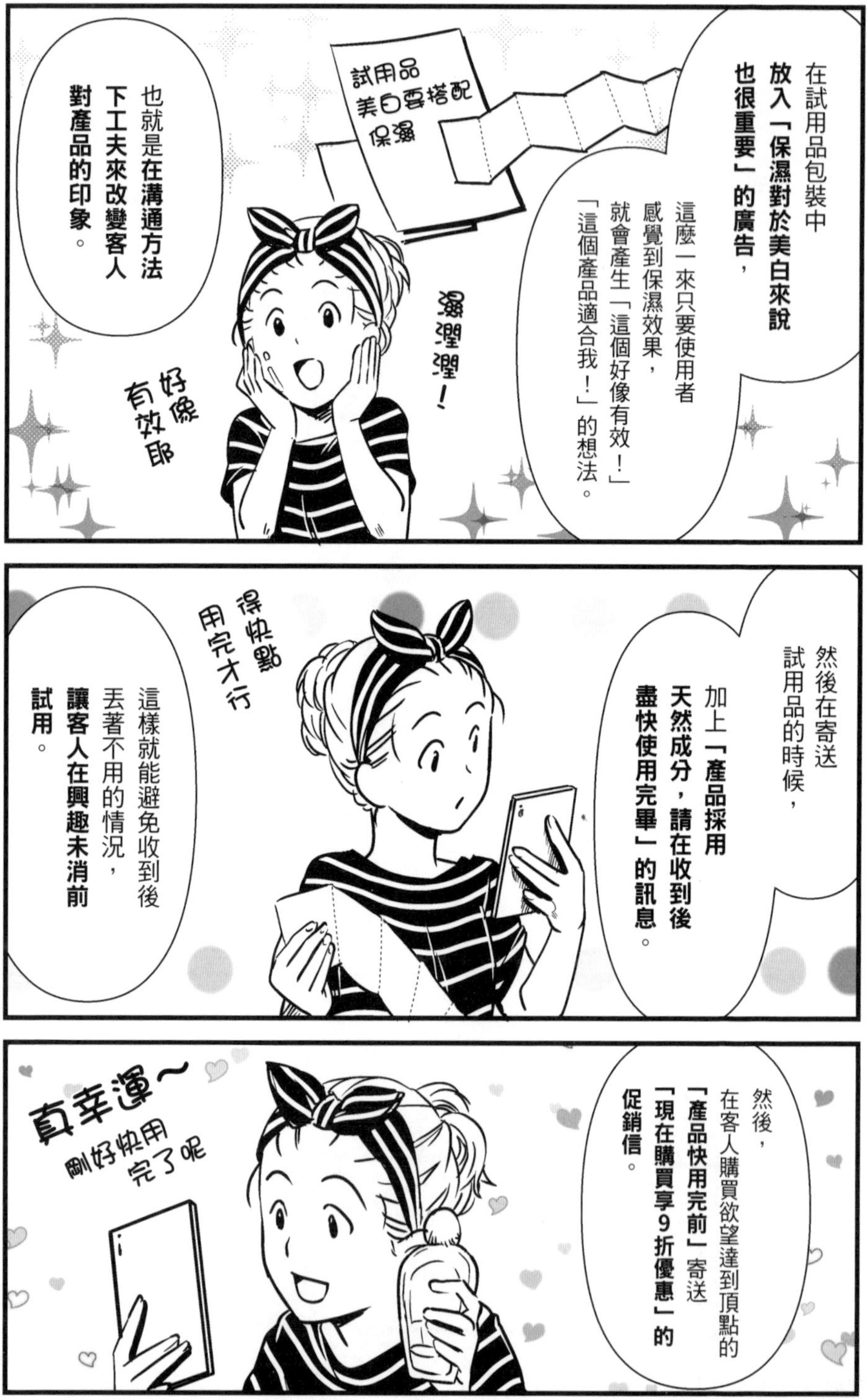
在試用品包裝中放入「保濕對於美白來說也很重要」的廣告，
這麼一來只要使用者感覺到保濕效果，就會產生「這個好像有效！」「這個產品適合我！」的想法。
試用品
美白要搭配
保濕
濕潤潤！
好像有效耶
也就是在溝通方法下工夫來改變客人對產品的印象。
然後在寄送試用品的時候，
加上「產品採用天然成分，請在收到後盡快使用完畢」的訊息。
得快點用完才行
這樣就能避免收到後丟著不用的情況，讓客人在興趣未消前試用。
然後，在客人購買欲望達到頂點的「產品快用完前」寄送「現在購買享9折優惠」的促銷信。
真幸運～
剛好快用完了呢

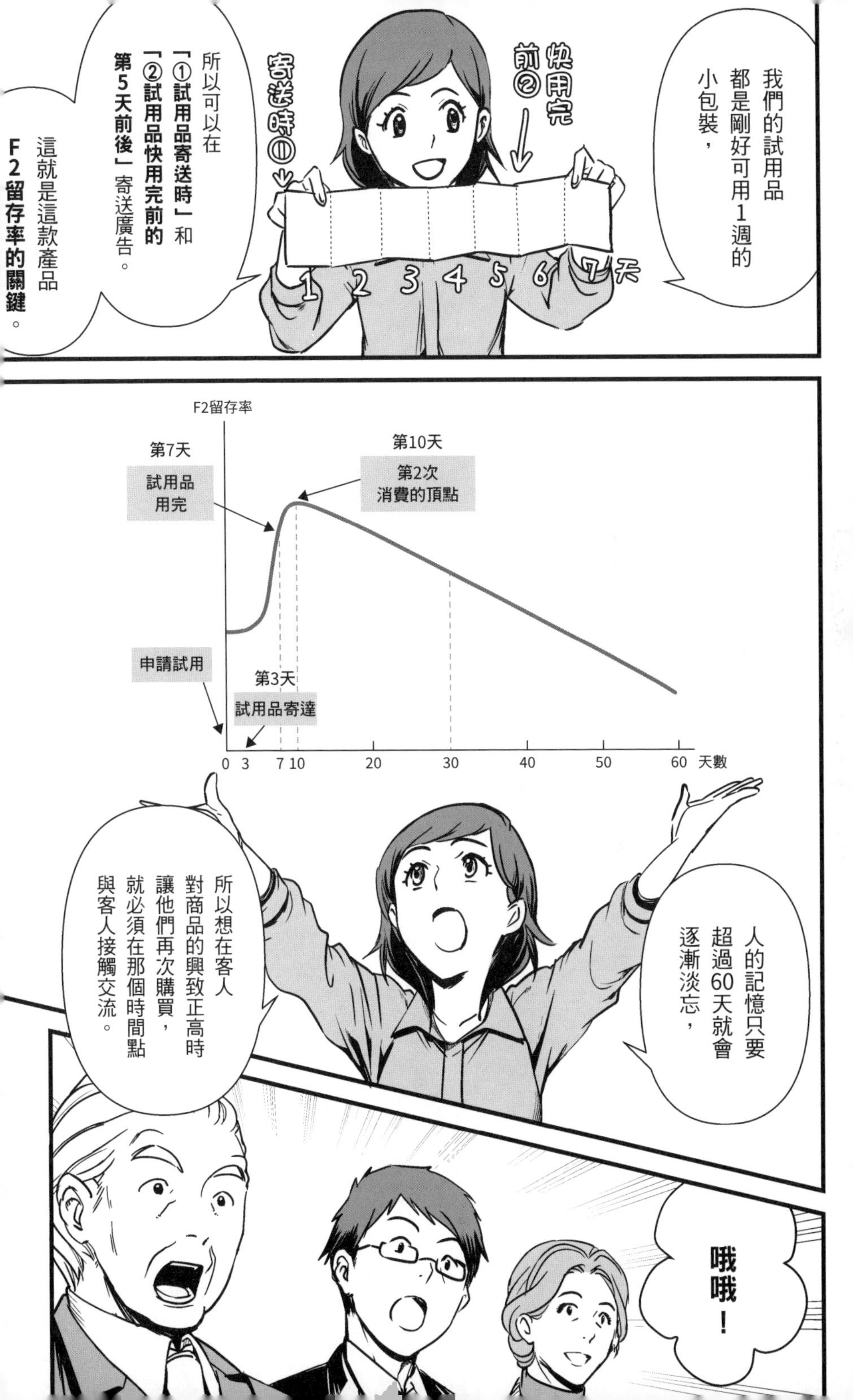
我們的試用品都是剛好可用1週的小包裝，
快用完前②
寄送時①
1 2 3 4 5 6 7天
所以可以在「①試用品寄送時」和「②試用品快用完前的第5天前後」寄送廣告。
這就是這款產品F2留存率的關鍵。
F2留存率
第7天
試用品用完
第10天
第2次消費的頂點
申請試用
第3天
試用品寄達
0 3 7 10 20 30 40 50 60 天數
人的記憶只要超過60天就會逐漸淡忘，
所以想在客人對商品的興致正高時讓他們再次購買，就必須在那個時間點與客人接觸交流。
哦哦！

白石，
那就拜託妳幫我們想一個好企劃了。
是！
歡迎光臨。
呃──我要一碗味噌拉麵。
那個……
現在將本店的LINE加為好友就能免費加水煮蛋，要考慮看看嗎？
我們有LINE囉！
現在加好友就送水煮蛋
拉

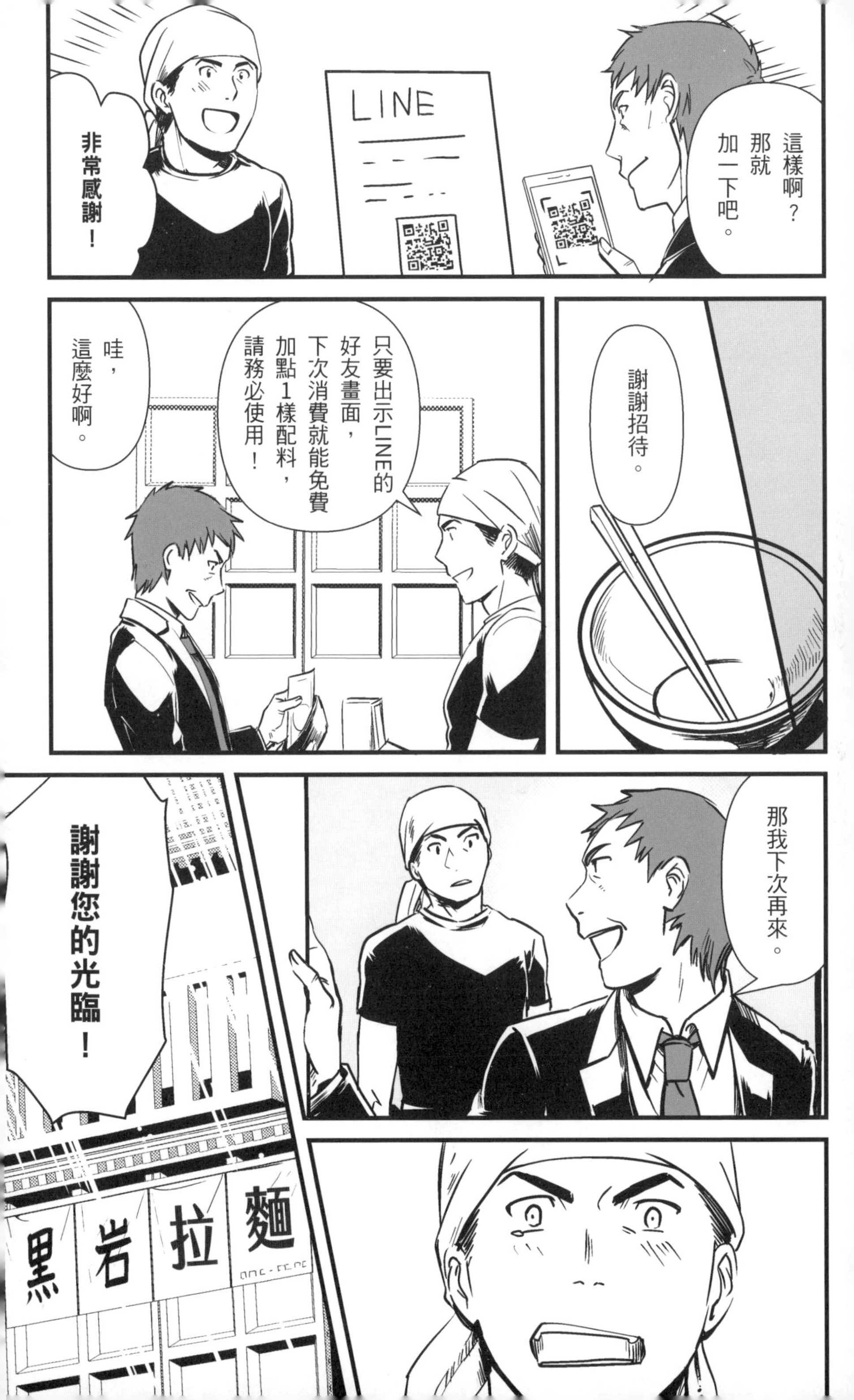
這樣啊？那就加一下吧。
LINE
非常感謝！
謝謝招待。
只要出示LINE的好友畫面，下次消費就能免費加點1樣配料，請務必使用！
哇，這麼好啊。
那我下次再來。
謝謝您的光臨！
黑岩拉麵

2-4 思考跨過F2之牆的方法

由新顧客變成老顧客的「F2留存率」

所謂的F2留存率，指的是新顧客回頭消費第2次（F2）（左頁上方）。不論對哪種商品或服務，要讓客人回頭消費第2次都非常困難，相信很多企業和商家都為此煞費苦心。

但相反地，只要能成功完成F2留存率，F3以後的留存率就會逐漸穩定（左頁下方），連帶使銷售額變得穩定。因此，如何使顧客產生「想買第2次」的體驗非常重要。

只要能使顧客產生回頭消費第2次的念頭，就很容易使他們繼續買第3次、第4次，所以F3以後的留存率大多都很高。當然不同行業會有所差異，但絕大多數的行業都適用這個理論，所以請確實記住F2留存率的概念。

▸F2就是第2次消費的顧客

F2留存率　客人願意消費第2次（回頭）。
※F＝Frequency：「頻率」

	新顧客	**回頭**	回頭
F0	F1	**F2**	F3
認知	第1次購買	**第2次購買**	第3次購買

▸不同行業的F2、F3留存率比較

行業①	顧客數	留存率
第1次	100人	—
第2次	30人	30%
第3次	21人	70%

行業②	顧客數	留存率
第1次	100人	—
第2次	5人	5%
第3次	3人	60%

行業③	顧客數	留存率
第1次	100人	—
第2次	20人	20%
第3次	12人	60%

雖然不同行業的
F2留存率有差異，
但F3的留存率
全都很高！

✓到達F3、F4後留存率就會穩定

當顧客進入F3、F4以後的階段，留存率就會維持在較高的狀態。觀察左頁的線圖，可看出F1到F2時顧客數量大幅減少，但F3以後的減少速度就減緩許多。接著再來看看留存率。留存率在F2時急減後自F3起緩緩上升，在F4以後就一直維持高留存率。由此可見，提高F2留存率可以直接增加老顧客的數量，並實現銷售額的增長。

那麼我們再來思考一下F2到F3以後的留存率會變高的原因吧。如果要大家舉3間公司附近推薦的餐飲店，你的腦中首先會想起哪間店呢？想想看，你想到的那幾間店，是不是都是你至少去過3次以上的店？我們這輩子去過大部分的餐飲店，大概都只去過1次就再也沒去，而且很快就會從記憶中消失。然而對於去過2次的店，我們通常都會一直記得，所以也就更容易去第3次、第4次，成為我們心目中推薦的好店。由於能成為F2階段的商品，在顧客心中的滿意度比較高，所以轉移至F3、F4的可能性也很高，留存率比較不容易下降。

▸顧客數和留存率的變化

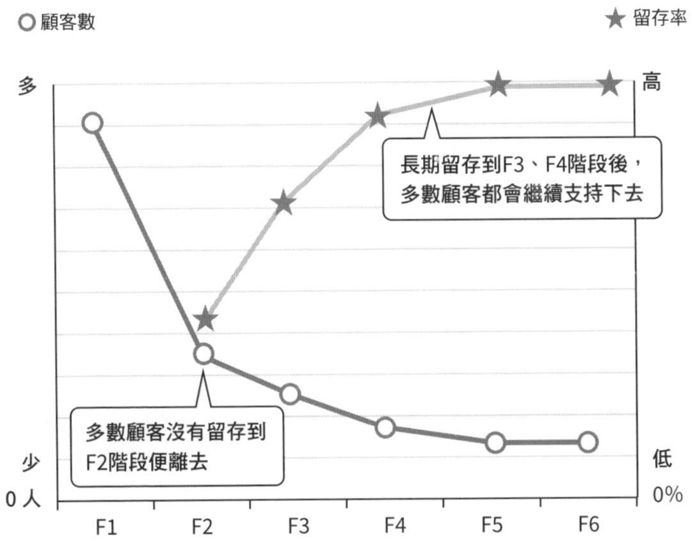
○顧客數
★留存率
多
高
長期留存到F3、F4階段後，
多數顧客都會繼續支持下去
多數顧客沒有留存到
F2階段便離去
少
0人
低
0%
F1
F2
F3
F4
F5
F6

觀察F1→F2的顧客減少數，
就能明白「F2留存」
有多困難了吧！
願意長期消費的客人
對品牌忠誠度很高，
就是俗稱的「忠實顧客」！

F2是新顧客？F3以後才是真正的老顧客

這裡要注意的是，F2階段其實在性質上更接近新顧客。F1階段也有很多顧客是抱持總之先試用看看的心態在消費，所以要到F2階段才算真正成為顧客。狀態比起回頭客更接近新顧客。因此，F2留存策略是以防止顧客離開為目的，跟F3留存的性質不同。換言之，在此情況下，到F2為止都還當成新顧客，直到F3之後才視作老顧客才是正確的做法。

從F1到F2留存
都要當成是新顧客來看待。

F1→F2的留存和
F2→F3的留存是不一樣的呢！

▸ 正確理解顧客狀態的F2觀念

要讓顧客從F1留存到F2，
其中一個策略就是讓顧客
充分體驗產品的魅力！

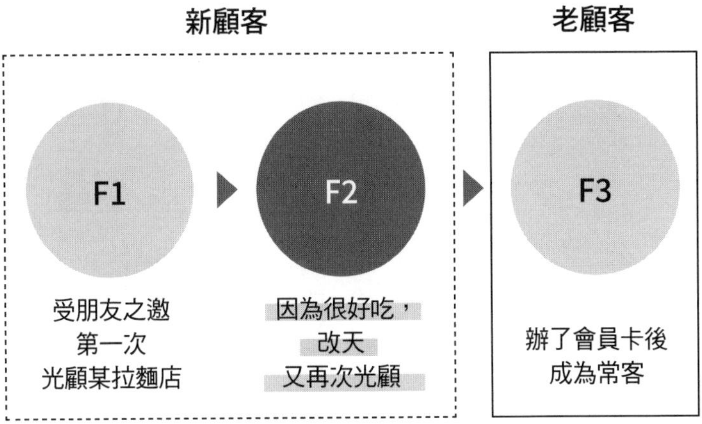
新顧客
老顧客
F1
F2
F3
受朋友之邀
第一次
光顧某拉麵店
因為很好吃，
改天
又再次光顧
辦了會員卡後
成為常客

從F2留存到F3是因為已經對商品
有相當程度的認識，所以利用集點
或常客獎勵機制來鼓勵客人
繼續消費或許不錯？

2-5 F2留存率的重點：「商品」、「時機」、「溝通」

依照商品選擇適合的時機進行適當的溝通

使顧客留存到F2的重點有3，也就是「商品」、「時機」、「溝通」（左頁上）。

F2留存率的結果，會因是否有依照商品在適合時間點，與顧客進行適當的溝通而有巨大差異。左頁下方的線圖，是某個有1週免費試用期的影像串流媒體服務的F2留存率變化。觀察這張圖，可發現在免費試用期剛結束的時機F2留存數最多。換言之，在這個時間點與顧客接觸，可以使F2留存率最大化。不過，每種商品最適合的時機不一樣，所以實施前必須先掌握自家商品購買意願的尖峰時期。

除此之外，也可以在顧客購買或簽約時說一句「謝謝您的光顧」，或在客人使用過後問一句「請問您的試用感想如何？」等，在適當的時機與客人進行適切的交流。

▸F2留存的3個重點

商品

以良好的品質為前提，
用自家商品中最能讓客人有感的商品
當作引子很重要

時機

在客人對商品產生興趣時、
剛開始使用時、以及使用後數天等階段
與顧客接觸

溝通

在不同時機進行適當的接觸，
讓顧客記得商品，並提供正向的體驗

▸影像串流媒體服務在不同時機進行溝通的例子

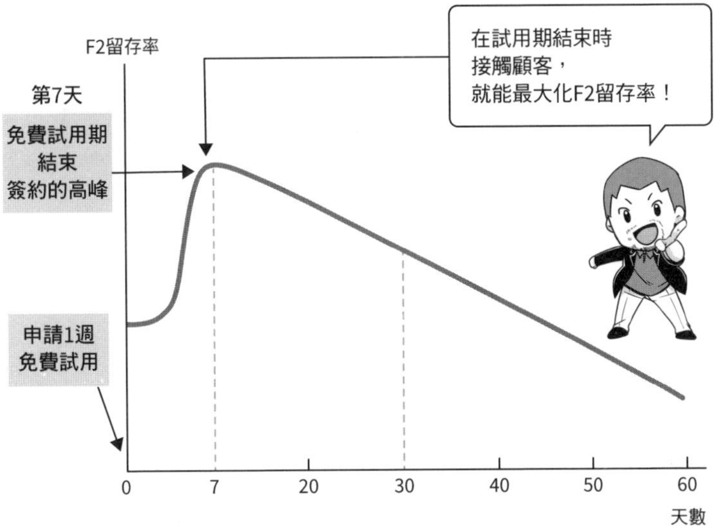

F2留存率
第7天
免費試用期
結束
簽約的高峰
申請1週
免費試用
在試用期結束時
接觸顧客，
就能最大化F2留存率！
0
7
20
30
40
50
60
天數

2-6 透過商品可獲得的體驗即為F2留存率的入口

選擇最適合成為顧客體驗入口的商品

首先從「商品」開始解說吧。這裡說的商品，不只是產品或服務本身，還包含其分量和價格等消費條件。以下要說明欲提高F2留存率時，有關商品必須留意的3個重點。

第1，請選擇可以立即使用的商品，或是使用者可在對產品興趣最高的時候，可以立刻進行第二次消費的商品當成體驗的入口。若拿到後就能馬上使用，便能使顧客在興趣較高的階段體驗到商品的魅力。

第2，請選擇可最大程度讓使用者感受到自家公司優點的商品。譬如若你經營的是一間以叉燒為賣點的拉麵店，那就應該先把叉燒拉麵當成招牌菜，讓客人確實感受到此店的魅力。除此之外，在店內貼滿寫有本店對叉燒的堅持的海報等，額外多下點工夫也十分有效。

▸從商品面提高F2留存率的3要點

❶ 以何種商品為「入口」才能提高F2留存率？

選擇本身的量和價格有魅力的商品，
或是可以馬上開始使用的服務

❷ 怎樣才算可以最大程度展現公司優點的「自信商品」？

第一次使用就能給使用者特殊體驗的商品

❸ 什麼是「可讓使用者感受到商品魅力的體驗」？

選擇 ⟶ 購買 ⟶ 使用

這3個步驟合而為一的體驗

✓創造「體驗」傳達商品的魅力

第3，請提供顧客能感受到商品魅力的體驗。例如以新鮮度為賣點的蔬菜，若被拿去煮咖哩，就很難完全感受到蔬菜的美味。這種時候應該在產品送達的時候提醒顧客「請用汆燙後加鹽吃吃看」。相信如此一來顧客就能體驗到蔬菜本身的美味。

這個方法就是商品、時機、溝通的組合技巧。為了讓顧客持續使用你的產品，就必須不斷嘗試、從做中學，配合顧客的狀態和心理思考適合的策略。

✓思考傳達自家公司魅力的方法

由此可見，對新顧客而言，提供可最大程度傳達自家公司魅力的商品和體驗非常重要，是能否實現F2留存的一大分水嶺。

例如日本的大型服飾公司Uniqlo，就以可體驗到機能性的商品為體驗入口。藉由HEATTECH和AIRism等高機能性為訴求的商品，成為顧客體驗的入口，使顧客對Uniqlo這個品牌產生「便宜又實用」的印象。我想正是因為如此，Uniqlo才能實現顧客的高留存率。

接著再來想想其他案例。假如有一間餐廳以和牛自豪，但菜單上卻寫了一堆其他的餐點，顧客很容易因此不曉得該點什麼。這時，可以在菜單上標示「本店的推薦餐點」當成入口商品，讓第一次光顧的人更容易知道要從何點起。這就是一種傳達和牛美味的方法。

找出自家公司最大的魅力所在，然後想想哪種商品可以最大程度地將這份魅力傳達給顧客。請用這個思路來招攬新顧客吧。

▸ Uniqlo準備了可提供優質體驗的商品作為入口

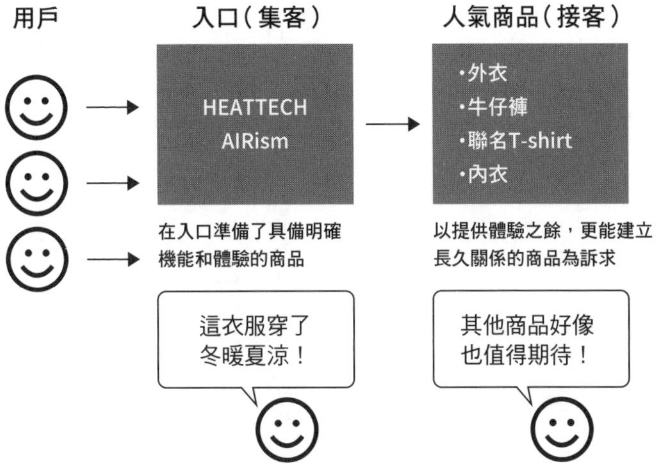
用戶
入口（集客）
HEATTECH
AIRism
人氣商品（接客）
・外衣
・牛仔褲
・聯名T-shirt
・內衣
在入口準備了具備明確機能和體驗的商品
以提供體驗之餘，更能建立長久關係的商品為訴求
這衣服穿了冬暖夏涼！
其他商品好像也值得期待！

重點不是「好不好買」，而是良好的體驗

集客、接客、溝通時最重要的，並不是告訴顧客我們的商品價格實惠，購買門檻很低。重要的是通過自家公司的產品給予顧客良好的體驗，建立促進回頭消費和勾起購買欲望的機制。

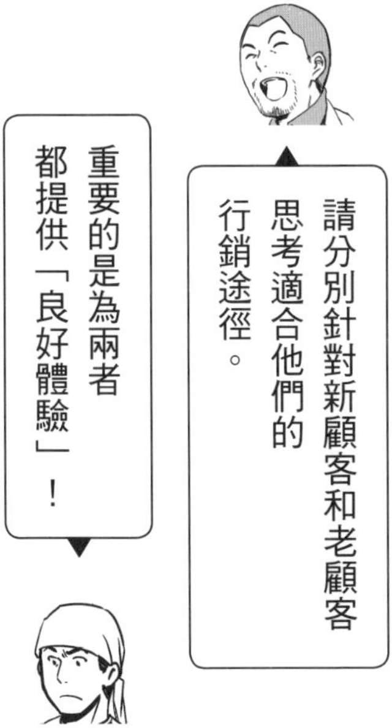
請分別針對新顧客和老顧客思考適合他們的行銷途徑。
重要的是為兩者都提供「良好體驗」！

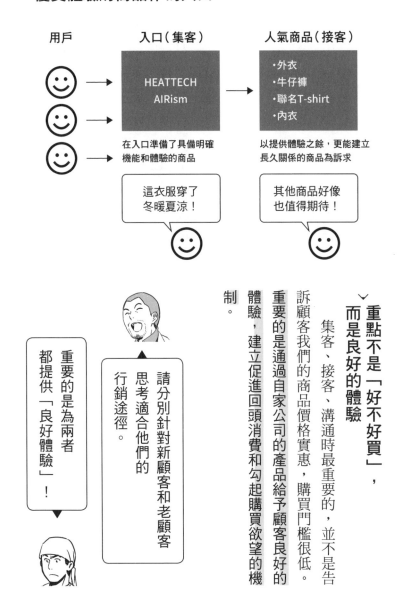

2-7 與顧客溝通的「3大時機」

數位時代的溝通設計哲學

第2個重點是「時機」，也就是依據顧客現在所處的狀態，選擇合適的接觸方法。在數位行銷的領域，有以下3個需要特別注重的時機。

①首次接觸

以廣告或社群網路吸引新顧客為第一次接觸的時間點。

②接客

顧客正在使用商品或服務的時間點。

③售後追蹤

顧客使用完商品或服務後的時間點。

如前所述，依照不同的時機認真思考如何與顧客溝通才能促成F2留存十分重要。

▸依照時機採取不同的溝通策略

①「首次接觸」的時機

用廣告或社群網路與顧客首次接觸時

讓顧客體驗可傳達自家公司魅力的商品，
以產生嘗試看看的念頭為目標來投放廣告

↓

②「接客」的時機

顧客使用商品、網站、app時

告知顧客會員制度的存在促進長期消費，或展示
其他用戶的評價，助顧客認識產品用法並提升滿意度

↓

③「售後追蹤」的時機

使用完商品或服務後

展示自家產品的背後技術，或詳細介紹產品性能或效果。
讓顧客認識此產品的長期好處，顧客就愈容易繼續消費

✓溝通策略的例子：健身房

下面讓我們以健身房為例，思考一下該如何在此3個時機與顧客進行溝通。

①首次接觸的時機

投放讓人看了會想來一次看看的廣告。譬如可強調本健身房器材的多樣性和便利性，或是推出好友邀請的促銷活動等。

②接客的時機

在顧客初次光顧時，先讓專屬訓練師聆聽其需求和習慣，然後介紹適合他的器材和簡單有效的訓練方法。並告訴客人若持續進行1週的訓練可看到哪些變化。此時的重點是如何讓客人感受到上健身房的效用。若沒有這個環節的溝通，客人只會對琳瑯滿目的器材感到茫然，自己胡亂訓練，結果毫無成效，最後選擇解約。

③售後追蹤的時機

在體驗過後，可以幫助客人建立今後的健身目標和計畫，採取可激發客人動力，繼續使用自家服務的溝通策略。

▶健身房的溝通策略範例

①「首次接觸」的時機

用廣告或社群網路與顧客首次接觸時

投放展示器材多元性和便利性的廣告，
使客人產生想來一次看看的念頭

↓

②「接客」的時機

顧客使用商品、網站、app時

依照對方目的介紹適合的器材
和簡單有效的訓練方法。
並說明持續訓練1週後能看到什麼變化

↓

③「售後追蹤」的時機

使用完商品或服務後

幫助客人建立未來的目標和計畫，
採取可激發客人動力，繼續使用服務的溝通策略

✓溝通策略的例子：串流音樂服務app

接著是串流音樂服務app的溝通策略範例。這裡同樣也在3個不同時機與顧客進行溝通。思考的方向跟前面相同，也就是如何讓顧客認識你、如何建立體驗、如何讓顧客繼續留下來。

①首次接觸的時機

首先推出1週免費試用期，以可以無限收聽知名音樂家的歌曲為訴求，讓顧客對這款app產生興趣。

②接客時機

在剛開始使用app時，可讓用戶輸入自己的喜好。如此不只可以馬上替用戶推薦他喜歡的音樂，在隔天以後還能針對該用戶的屬性推薦他可能會喜歡的音樂家，即使每天只聽一下下也無妨，如此一來就能建立使用體驗。

③售後追蹤的時機

最終只要能讓顧客在使用這款app的過程中產生「認識了過去沒聽過的好音樂家」這份體驗，應該就能讓顧客留下來了。

▶音樂串流服務的溝通策略範例

①「首次接觸」的時機

用廣告或社群網路與顧客首次接觸時

以知名音樂家的歌曲免費1週
聽到飽的服務為訴求，
勾起消費者對app的興趣

②「接客」的時機

顧客使用商品、網站、app時

讓用戶輸入自己的喜好，
推薦符合其喜好的音樂，
並介紹對方可能會喜歡的音樂家

③「售後追蹤」的時機

使用完商品或服務後

讓用戶在使用app的過程
產生「認識了以前沒聽過的
好音樂家」的體驗

2-8 溝通應在「首次消費的30天內」

經過F2留存的顧客中，有6成是在30天內完成第二次消費

前面提到，F2留存的第3個重點「溝通」是要配合顧客的時機採取不同的溝通策略。尤其在顧客對商品的關心度較高時進行溝通是非常重要的。

左頁的圖是申請了影像串流媒體服務首次體驗的顧客，其留存率隨時間的變化。自申請後的第7天，留存率急速上升到達高峰。之後，留存率便隨著時間逐漸下降。至30天後留存率已經減至一半，所以必須在10～30日後的時間點採取適當的溝通策略，使顧客留存到F2。

而有數據顯示，留存顧客中有約60%是在首次消費後的30天內，約90%是在60天內完成第二次消費的。所以F2留存的時限可認定為首次體驗後的2個月內。

▸經過時間與留存率的變化圖

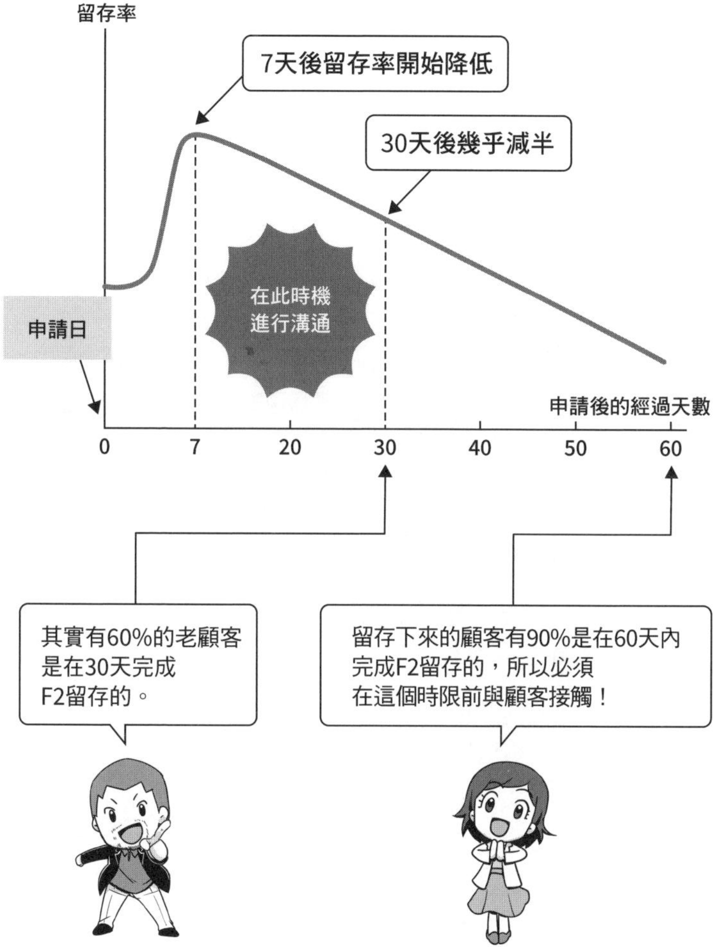
留存率
7天後留存率開始降低
30天後幾乎減半
在此時機
進行溝通
申請日
申請後的經過天數
0
7
20
30
40
50
60
其實有60%的老顧客
是在30天完成
F2留存的。
留存下來的顧客有90%是在60天內
完成F2留存的，所以必須
在這個時限前與顧客接觸！

什麼是令人難以忘懷的溝通？

要達成F2留存，在顧客首次消費後的30天進行溝通很重要。而溝通時有2個重點，就是「溝通時機」和「溝通內容」。

溝通的第一個要點，是在顧客的熱度還沒冷卻前進行。當然，最適當的時機會因商品而異。以拉麵店為例，若在首次光顧的一個禮拜後才與客人交流，相信大多數人早就忘記自己去過那間店了。因此，應該在光顧的時候就先加LINE好友，然後在消費當天就傳訊息銘謝惠顧，並讓客人感受到你對拉麵的堅持。在客人記憶猶新的時候進行溝通，對方記住你的可能性就愈高。而要是過了一個禮拜才做這件事，無論提供再怎麼好康的情報也是徒勞無功。

而溝通的內容，則應以消除顧客的不安，提高滿意度為佳。譬如我們在旅遊網站訂行程的時候，如果訂購完成旅行社卻一直都沒來聯絡，就會感到很不放心對吧？因此，身為旅行社應該在顧客下單後立即發送預訂成功的通知，並在出發前這段時間對顧客介紹行程，行程結束後詢問對此趟旅行的感想等，發送可使顧客心安的訊息。總之就是要讓顧客有「這家店（公司）有把我放在心上」的感覺，讓他們留下記憶。

▸令人難忘的溝通應具備的要點

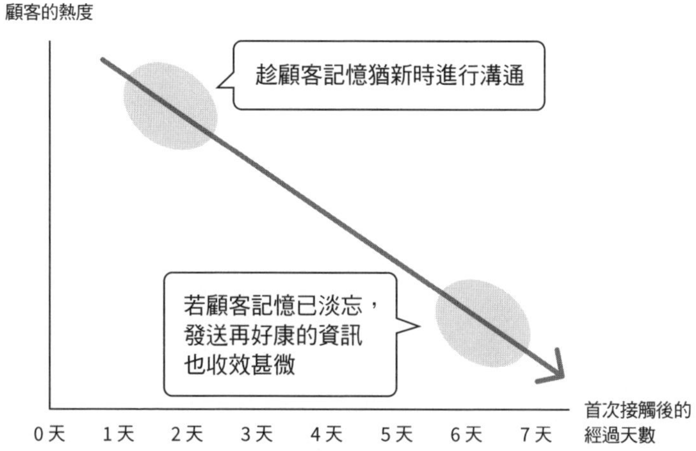
顧客的熱度
趁顧客記憶猶新時進行溝通
若顧客記憶已淡忘，
發送再好康的資訊
也收效甚微
0天
1天
2天
3天
4天
5天
6天
7天
首次接觸後的
經過天數

▸依照時機發送適當資訊的方法（以旅行社為例）

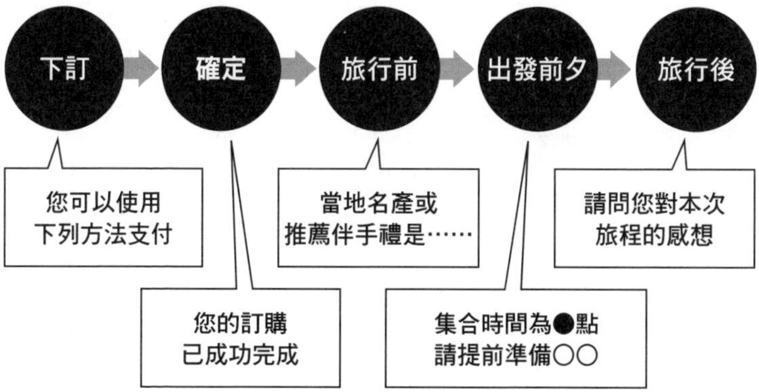
下訂
確定
旅行前
出發前夕
旅行後
您可以使用
下列方法支付
您的訂購
已成功完成
當地名產或
推薦伴手禮是……
集合時間為●點
請提前準備○○
請問您對本次
旅程的感想

如何讓感想為「普通」、「不知道」的顧客記住你

你以為只有使用感想是「良好」的顧客才會留存到F2嗎？其實，即使是給予「普通／不知道」的顧客也有充分的可能性留存到F2。重要的是，不要讓顧客忘記你。

人在買東西的時候，大致只會從3個選項中選出1個。例如各位在決定今天午餐吃什麼的時候，應該也是差不多從3間店裡挑1間吧。所以首先必須讓你的公司排進這3個選項中，才有可能讓顧客繼續上門。

我想即使是去過很多次的店，也不一定都是你心目中評價最好的店。其中應該也有餐點味道普通，卻還是常常去的店才對。其實，這些背後都運用了一些方法，來誘導客人繼續上門。而這個令顧客難以忘記的祕訣，就是在顧客首次消費時提供可以傳達魅力的商品，以及配合顧客的時機進行溝通。

所以說，即使顧客的評價是「普通／不知道」，只要有一個能讓他們無法忘記你的機制，就能提高F2留存的可能性。但若在顧客心目中評價不好的話，就算努力讓顧客不忘記你，也不太可能達成F2留存。所以在顧客心中留下「普通／不知道」的評價，乃是最低的底線。

不同顧客評價的留存和回頭可能性差異

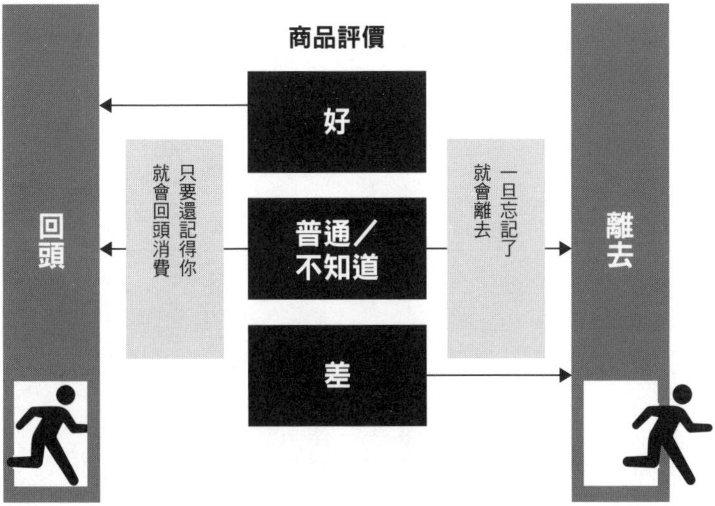

傾注全力「讓顧客記住你」

想使顧客變成常客，就請傾注全力讓顧客記住你。為此，在消費後的30天內接觸顧客十分重要。不同於線下行銷，數位行銷可以輕鬆在顧客消費後的任何日子透過LINE或電子郵件等方式接觸顧客。以旅遊網站為例，就像P105講解的，可以在訂單確定時介紹內容，在旅行前提供旅遊資訊和其他必須情報等做法。

只要像這樣在下訂後的30天內配合時機進行溝通，就能加強顧客對你的印象，更容易讓他們記住你。

F2留存成功案例～J聯盟的例子～

我們說過要達成F2留存，「商品、時機、溝通」這3個重點非常重要。接下來，就來介紹幾個實際實現F2留存的成功案例。

首先是J聯盟（日本職業足球聯賽）。J聯盟原本靠著電視廣告、新聞、比賽，觸及了廣大的顧客，但對顧客資料的管理卻做得十分隨便。因此後來J聯盟為了確實掌握顧客的資料，推出了名為「J聯盟ID（J.LEAGUE ID）」的會員ID制度。

然後，J聯盟為了連結J聯盟ID和顧客的時間軸，為J聯盟ID提供了許多優惠。例如在比賽會場用手機app簽到就能拿到獎章，依照看比賽的次數換取相應的獎品。通過J聯盟ID，J聯盟便能取得顧客的時間軸資訊，依照顧客的觀賽次數和支持隊伍規劃行銷策略。這就是配合顧客的行動，在適當的時間點進行溝通，成功實現F2留存的例子。

用語解說

什麼是「簽到」？

促進顧客繼續使用自家產品的手法之一，也就是讓顧客打開app，完成指定的任務或條件。例如J聯盟ID只要在比賽當天，於比賽結束前在球場內打開app選擇自己支持的球隊，就能完成簽到。完成簽到可以獲得各式各樣的好處，且通常簽到次數愈多，能享受的福利就愈好，因此可促進顧客反覆消費。

▸實際案例1：J聯盟發行「J聯盟ID」提供優惠

用「J聯盟ID」蒐集顧客資料

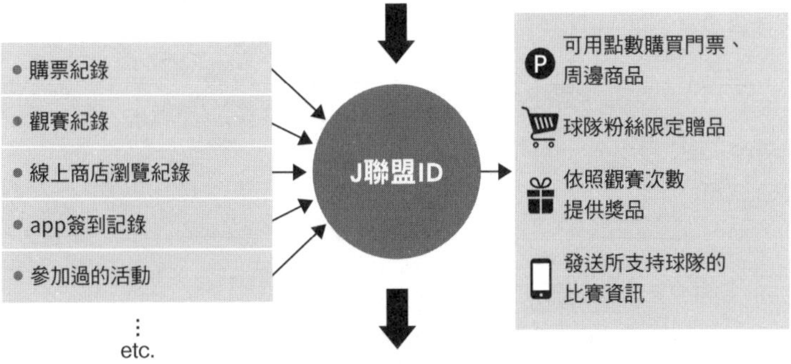

購票紀錄
觀賽紀錄
線上商店瀏覽紀錄
app簽到記錄
參加過的活動
etc.
J聯盟ID
可用點數購買門票、周邊商品
球隊粉絲限定贈品
依照觀賽次數提供獎品
發送所支持球隊的比賽資訊

掌握顧客的時間軸

∨用雙人招待券阻止顧客離開

除此之外J聯盟還有其他成功案例。在這個案例中，J聯盟活用了藉J聯盟ID取得的顧客資訊實現了F2留存。2019年夏天J聯盟推出了「natsu-J」活動，只要集滿3個看比賽用app簽到就能拿到的獎章，即可抽雙人套票。參加抽獎的條件之所以訂為3個獎章，其實是有用意的。因為分析過J聯盟ID取得的顧客資料後，J聯盟發現顧客只要看過3場以上的比賽後，離開的機率就會降低。因此，才決定在看完第3場比賽這個時間點提供免費的雙人套票當獎品。這就是同時在商品、時機、溝通這3個角度下足工夫的行銷案例。

▸案例2：星巴克用app向個別用戶提供資訊

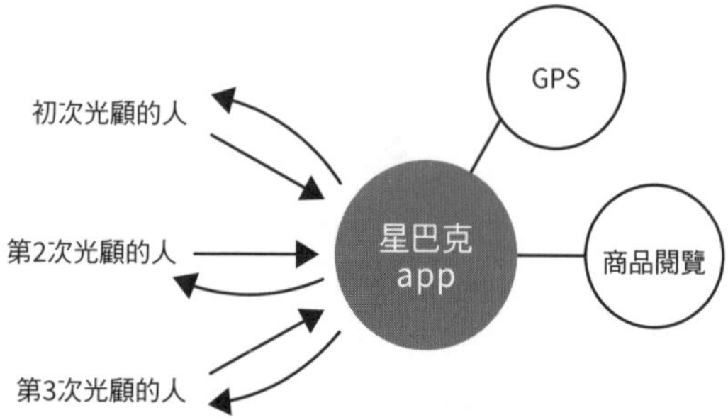

- 依照顧客的狀態發送訊息
- 可取得閱覽過的商品等用戶行動資料

星巴克的案例

星巴克藉著發行專屬的手機app，蒐集顧客的消費資訊、地理資訊、以及商品瀏覽資訊等資料，使得依照每名顧客的消費情況發送特定訊息成為了可能。

不僅如此，為了吸引顧客使用app，還提供了支付功能、預約購買、集點等許多功能，讓顧客透過app在星巴克消費時獲得許多好處。結果，app的使用人數迅速增加，星巴克也累積了很多顧客資料，實現了配合顧客的時機與顧客溝通。

▸案例3：LOVOT利用LINE設計持續性的溝通策略

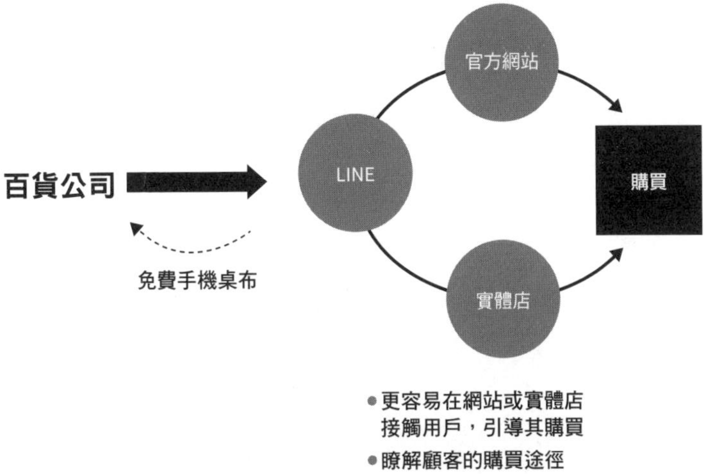
官方網站
百貨公司
LINE
購買
免費手機桌布
實體店
●更容易在網站或實體店接觸用戶，引導其購買
●瞭解顧客的購買途徑

✓社群網路與實體店面的連動

在我擔任CMO的GROOVE X，推出了搭載AI的家用型機器人「LOVOT」。LOVOT可以輕鬆在百貨公司等店鋪買到，但由於一台售價高達30萬日幣，所以存在著難以讓消費者輕易購買的難題。因此，我們決定利用LINE持續與消費者進行溝通。我們邀請來店的顧客加入本公司的LINE官方帳號為好友。加入好友後，我們就能得知顧客是否有瀏覽本公司的網站，或是造訪實體店面等行動路徑，如此一來，便能夠依照顧客的狀況發送廣告訊息，並且制定符合時機的策略。

LINE的好處是使用者眾多

在取得顧客資訊方面，LINE是一個即便是行銷新手也能輕易上手的好工具。截至2020年3月底，LINE在日本每月使用人數已突破8400萬人，擁有巨大生態，而且還有對用戶而言使用門檻很低的優點。同時具備即使不架設自己的網站也能取得顧客資訊，與之進行交流的功能。

推薦使用LINE的理由

用的人很多，使用門檻很低

不需要自己架設網站

可輕鬆引進電子支付

用語解說

什麼是「電子支付」？

不使用現金的支付方法總稱，LINE的電子支付服務「LINE Pay」主要是利用QR Code支付。在實體店使用時分為提供QR Code讓消費者用手機掃描，或是由消費者提供QR Code讓店家掃描這2種方式。若由店家提供QR Code的話，因為不需要讀取裝置，可以節省初期的硬體成本。而由消費者提供QR Code的話，雖然可以跟POS資料連結，但就需要購買可讀取QR Code的設備。

✓忠誠計畫：使用戶持續使用自家產品的機制

使顧客長期使用自家商品的策略又叫「忠誠計畫（Loyalty Program）」。而現實生活中忠誠計畫的絕佳案例，就是航空公司的哩程制度。哩程制度是一種針對時常搭乘飛機的旅客，讓旅客每次搭乘都可獲得與搭乘距離成正比的點數「哩程」，而旅客可以用存下來的哩程兌換機票或升級艙位。由於這項制度是以經常出差的商務人士等會頻繁搭飛機的族群為對象，所以搭飛機的頻率愈高，可獲得的哩程數就愈多，被設計成消費愈多次就愈划算。而且累積的哩程數一段時間後就會過期，使用者便會定期回來同一家航空公司消費。哩程制度藉由將取得的哩程數視覺化，並設下有效期限來提高使用者的使用意願（P114）。就算其他航空公司推出了更便宜的機票，由於哩程點數的存在，顧客仍會選擇搭乘同一家航空公司的飛機。

忠誠計畫有助於公司獲得願意長年使用自家產品的顧客。例如對消費超過一定金額的顧客贈送紀念品，或是提供優先待遇等，將顧客長期的積累化為眼睛看得到的回饋，給予贈禮，可讓顧客感覺到「我有受到重視」。

▸ANA的哩程制度
是忠誠計畫的好例子

將取得的哩程數視覺化

有效哩程	46,329 miles
尊榮積分	4,163 points
來自ANA集團營運之航班	0 points
去年的尊榮積分	5,928 points
來自ANA集團營運之航班	2,530 points

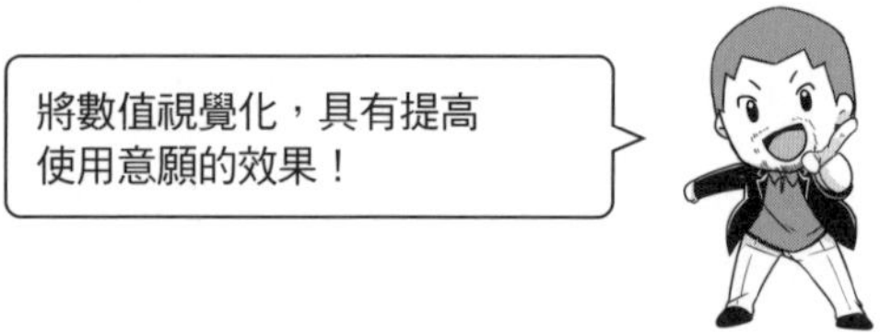
將數值視覺化，具有提高
使用意願的效果！

平時搭乘累積哩程的機制

ANA生涯哩程	29,639 LT miles
ANA＋合作夥伴營運航班	122,285 LT miles

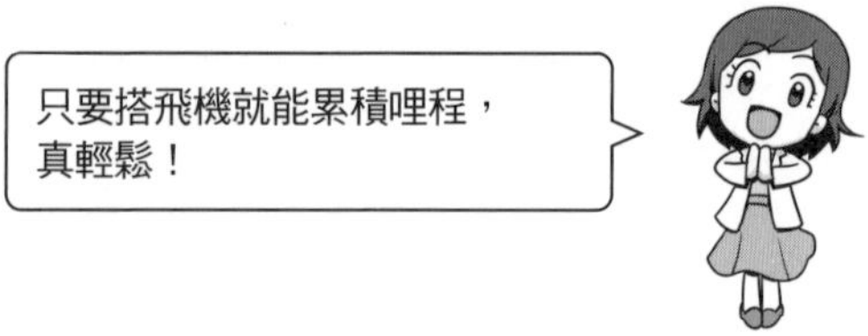
只要搭飛機就能累積哩程，
真輕鬆！

為哩程設定有效期限

哩程有效期限	哩程
2018/01月末	1,047 miles
2018/02月末	0 miles
2018/03月末	0 miles

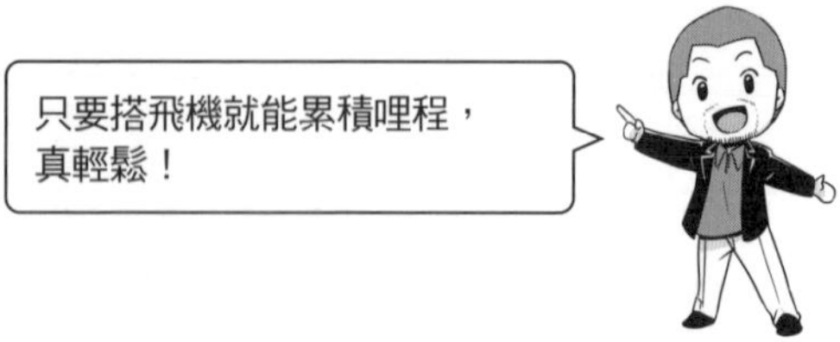
只要搭飛機就能累積哩程，
真輕鬆！

第 3 章

廣告是與顧客溝通的入口

太好了！留存率上升了5%！
白石，我看過上個月的數據了，新顧客完全沒有增加耶。
得再更用力宣傳才行啊！
可、可是，要提升銷售額的話應該先抓住老顧客……
別說了，總之快提個廣告企劃上來。
怎麼這樣……
招攬新客群的廣告啊。
雖然我知道新顧客也必須要重視……
黑岩拉麵

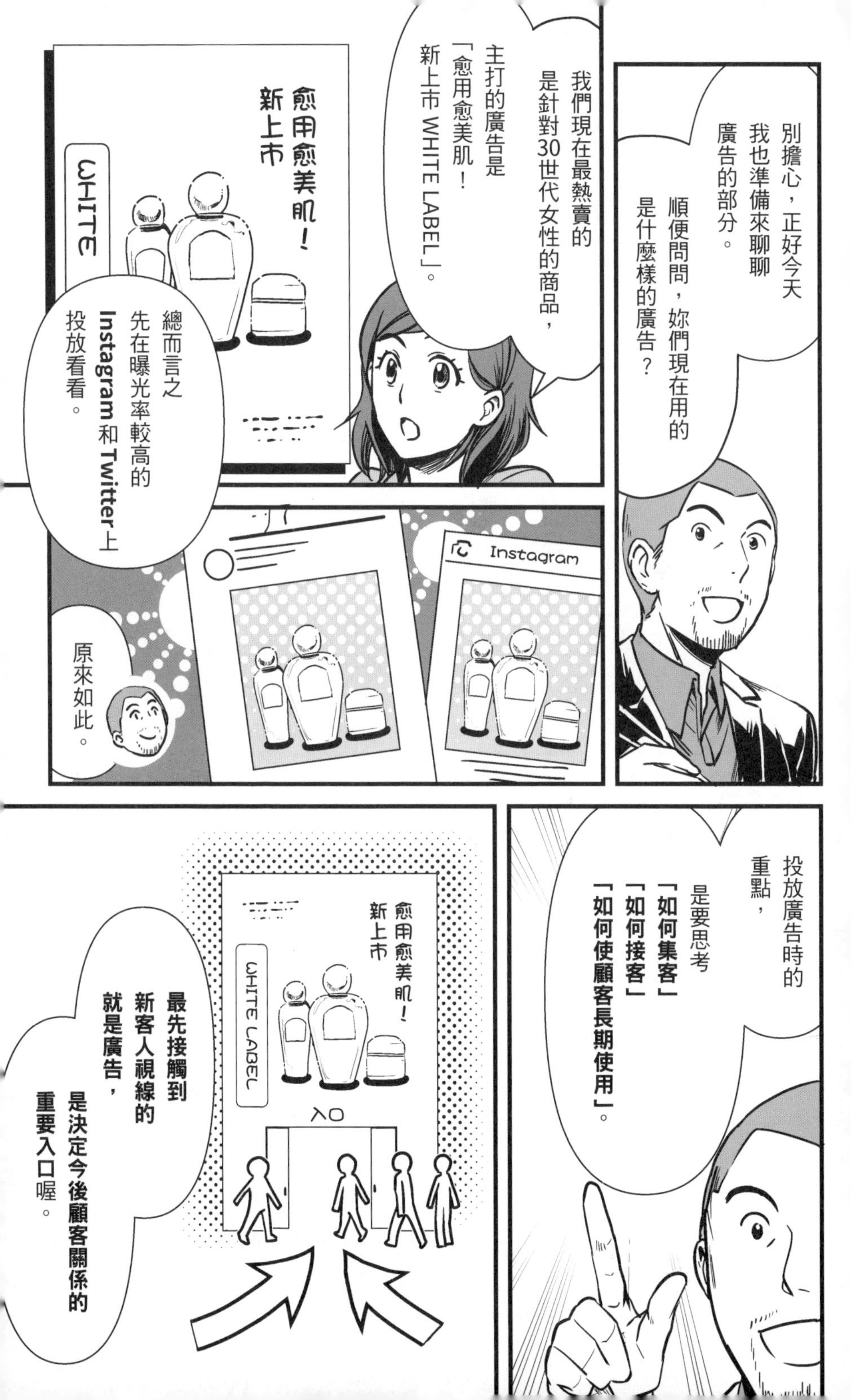
別擔心，正好今天我也準備來聊聊廣告的部分。
順便問問，妳們現在用的是什麼樣的廣告？
我們現在最熱賣的是針對30世代女性的商品，
主打的廣告是「愈用愈美肌！新上市 WHITE LABEL」。
愈用愈美肌！
新上市
WHITE
總而言之先在曝光率較高的Instagram和Twitter上投放看看。
Instagram
原來如此。
投放廣告時的重點，
是要思考「如何集客」「如何接客」「如何使顧客長期使用」。
愈用愈美肌！
新上市
WHITE LABEL
入口
最先接觸到新客人視線的就是廣告，
是決定今後顧客關係的重要入口喔。

例如在Oisix的
網路商城有一個「嘗鮮套組」，
而廣告就常推銷這個
嘗鮮套組。
Oisix
新會員限定
嘗鮮套組
也就是用來讓新顧客
體驗食材新鮮度
和Oisix魅力的
蔬果組合包。
因為讓消費者實際
體驗「蔬菜的美味」
是留住顧客
最有效的方法。
除此之外像是
Uniqlo雖然有很多產品線，
但打廣告時都是以
「HEATTECH」等高機能性的
商品為主，
機能性
HEATTECH
不穿多
也能保暖
時尚性
背後的策略也是
以Uniqlo最擅長的
高機能性商品來勾起
消費者的興趣，
再將其引導至其他產品。
與這些公司相比，
白石小姐的公司廣告
又是怎麼樣的呢？

我們推出新品牌的時候
消費者通常會知道，
但是在同品牌的商品中，
有化妝水之外還有
美髮用品……
品牌本身是
以使用有機成分「不傷肌膚」的
化妝水為主力產品，
試用品的體驗也很良好。
是不是應該以這些要素
為中心來打廣告呢？
譬如在設計
試用組的時候，
我們會希望能
打造可確實讓試用者
體驗到品牌優點的
入口商品體驗對吧？
基礎化妝品套組
一週試用包
有看過！
把同樣的概念
延伸到廣告上！
若是食材的購物網……
考慮到這類服務的主要客群
是會在家煮飯的人，所以可以
從這類族群最重視什麼來思考。
譬如是為了小孩子的健康、
還是為了工作忙碌也能吃到熱食。
配合他們的需求
來決定要以
何種廣告為入口。

像是Yahoo!或Goolge提供的程式化廣告，可以自動在他們的眾多合作網站的網頁上展示廣告，
美容NOW！
護膚
美髮
美甲
美妝
直接觸及目標客群！
而且用戶數眾多，可觸及的層面很廣。
還有像Facebook由於蒐集了用戶的居住地、性別等個人資訊，所以也很容易把廣告展示給屬性相符的用戶。
而Twitter雖然匿名性較高，但具有可清楚知道「這個人跟隨了哪類人群」的優點，
跟隨者
跟隨中
跟隨中
我是高中生偶像◇◇本週六日會舉辦街頭演唱會，一定要來看喔♥
@偶像
我是偶像
正式出道！
宣傳活動
例如就可以「對跟隨很多偶像的用戶推薦新出道偶像的廣告」。

Instagram
Instagram的匿名性也很高，但因為背後母公司是Facebook，所以比Twitter更容易篩選出性別和地區等屬性，
同時也適合推廣視覺印象強烈的商品。
吸睛～
我們這回推出的化妝品是以30世代女性，即使稍微貴一點也願意購買高品質化妝品的人。
護膚
美髮
美甲
美妝
這樣的話除了在化妝品網站之外，還可以考慮在上班族女性可能會逛的網站來投放廣告。
然後像是拉麵店這種以大眾為客群的餐飲店。
比起特地在網路上尋找美食的饕客，更容易吸引到剛好肚子餓的過路人。

因此「住在附近的上班族」才是最重要的目標客群。
黒岩拉麵
這種情況下 Facebook 和 Google 的地理資訊就很好用，可以針對與本地有地緣的人投放廣告。
拉麵
附近的商家
黒岩拉麵
(28)
哦哦！
另外，剛剛忘了說……其實還有一個基本中的基本，原則上一定要做的策略喔。
也就是搜尋對策！
是、是什麼?!

……那不是理所當然的嗎？
白石小姐，當妳想吃拉麵的時候，會怎麼上網搜尋呢？
我想想，比如用「品川 拉麵店」的關鍵字查詢，然後找店家資訊完整或是網路評價比較好的。
品川 # 拉麵店
然而很多人意外地都沒有做好這點喔。
搜尋有什麼解決方法，或是搜尋市面上存在哪種商品、搜尋某商品的口碑……
這些**雖然都叫搜尋，但目的卻不一樣**對吧？
投放廣告的時候要徹底分析顧客，
思考**想讓自家公司在「何時」、「何地」、「經由何種途徑被消費者認識」**是很重要的！
若能確實對應到不同的搜尋目的，被搜尋到的機率就更大！
聽起來的確是有很多能做的事……。

3-1 廣告是顧客體驗的入口

提高留存率是最優先事項

廣告通常是產品與顧客最初的接觸點。換句話說廣告也可以說是「最早的顧客體驗」。人類很容易憑第一印象來決定對某事物的喜好，這種現象稱為「首因效應」。想要有效利用首因效應，就必須在廣告這個最早的接觸點給予消費者良好的體驗。如果廣告無法給予良好的體驗，之後就很難改變產品在消費者心中的印象，不論花多大力氣去溝通，也很難留下顧客。

要讓顧客持續回頭消費，顧客體驗比什麼都重要。顧客體驗可分為商品寄送時的體驗、收到後的體驗、以及初次使用時的印象等各種類型，其中也包含對廣告的印象。而廣告作為建立顧客體驗的第一步，必須納入整個產品的設計來思考。

▸從入口開始就是顧客體驗為王

體驗階段	顧客的心理
1.認知	以前沒見過這個商品，好好看啊
▼	
2.首次消費	買買看吧！反正也不貴～
▼	
3. F2留存	使用說明寫得很簡單明瞭，下次再來買吧
▼	
4.忠誠化	這個品牌不錯，也分享給親朋好友吧！

✓最好預想從集客到F2留存的顧客體驗

而出現在廣告中的商品也適用同樣的道理。你是不是以為只要讓最受歡迎的商品出現廣告上就行了呢？再說一次，廣告企劃一定要把後續的顧客體驗也考慮進去。

擁有良好顧客體驗，而且回頭率高的商品，可能比單純最暢銷的商品更適合成為廣告的主角。

譬如某間食品商最暢銷的產品是送禮用的點心，但若普通的家用點心的顧客回頭率更高，那麼讓家用點心當廣告的主角，或許可以獲得更多訂單。

3-2 廣告設計的線索在於顧客的思考和行動

廣告要從顧客的角度去設計

廣告並非只要做得好，就可以不管投放在哪裡都有效果。不同的商品和服務，顧客從第一次認知到購買這段期間的行動都不一樣。不妨思考看看，企業用軟體或減肥藥的顧客，他們會採取相同的行為來購買產品嗎？

購買工作軟體時，通常會先調查該領域有哪些軟體，然後比較各種類的功能、閱讀相關的評比文章……審慎地蒐集資訊，等到確定幾個候補選項後再向製造公司申請相關文件。

另一方面，減肥藥的話可能只是在網路上偶然看到廣告，就直覺地決定點進去看看，然後詢問製造商有無提供試用。

換言之，配合顧客的行為思考如何投放廣告非常重要。也就是思考要在顧客行動的過程中展現何種廣告，給予何種體驗。從顧客的角度來設計廣告是很重要的。

依顧客的行動設計廣告的例子

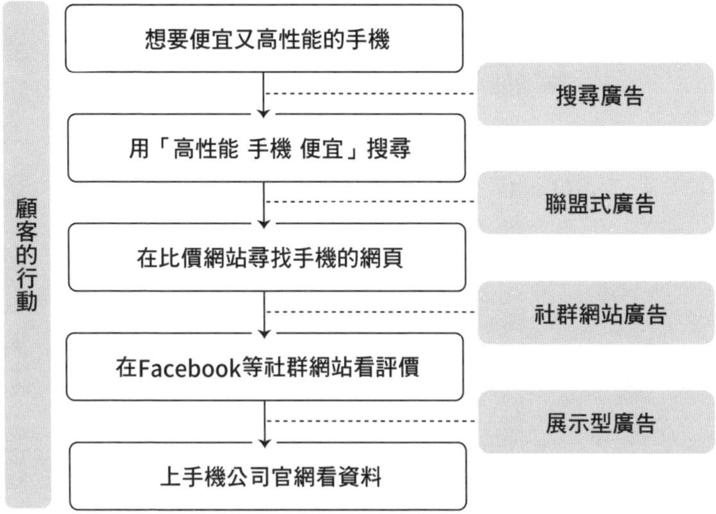
顧客的行動
想要便宜又高性能的手機
搜尋廣告
用「高性能 手機 便宜」搜尋
聯盟式廣告
在比價網站尋找手機的網頁
社群網站廣告
在Facebook等社群網站看評價
展示型廣告
上手機公司官網看資料

仔細設想顧客的行動

在實際去詢問顧客的需求或觀察他們的行動前，可以先試著預想自己身邊的人或自己會採取的行動。

現代人在考慮購買某樣產品時，大多時候會先上網搜尋。設想一下你的顧客會用哪種關鍵字去搜尋，會被什麼吸引而點進去看看。如果同類商品的話，人們通常會先尋找價格和功能的比較網站，此時大家重視的是什麼？有隱性需求的人，會在什麼時候看到何種訊息而發現自己的需求？

請徹底思考這些問題，再來設計你的廣告要如何接觸顧客。

3-3 針對有顯性需求的顧客優先投放廣告

先從最接近購買階段的廣告開始改善

當顧客已經決定想要的東西，進入只剩下要選擇買一家產品的階段後，距離購買已經只差一步了。而最能接觸到這種需求十分明顯的顧客的廣告類型，是搜尋廣告和聯盟式廣告（P27）。由於這2種廣告通常是在顧客已下定決心要購買的時候被看到，因此是最該優先投放的廣告。然而，幾乎沒有幾間企業有確實做好這2種廣告。大多數的情況，都是完全丟給廣告代理商去處理。

請思考搜尋廣告和聯盟式廣告被看見時，顧客想追求的究竟是什麼，據此來設計廣告體驗，徹底改善廣告。致力於改善這2種廣告，可幫助你穩健提升銷售額。

依顧客行動設計廣告的例子

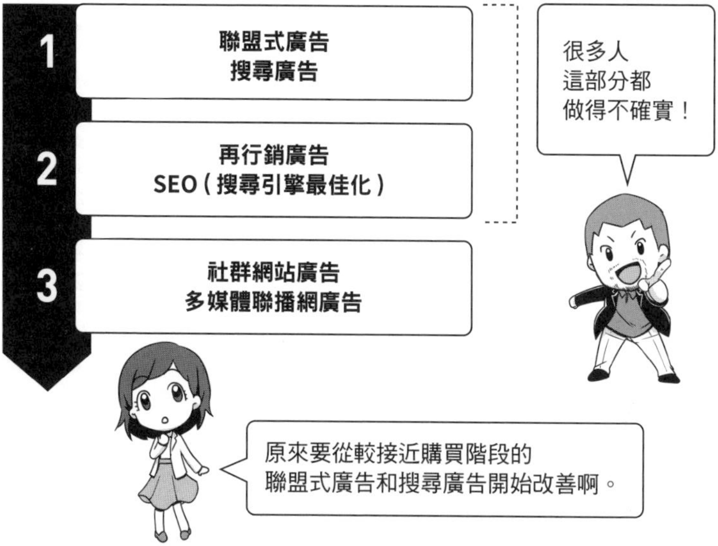
1
聯盟式廣告
搜尋廣告
2
再行銷廣告
SEO（搜尋引擎最佳化）
3
社群網站廣告
多媒體聯播網廣告
很多人
這部分都
做得不確實！
原來要從較接近購買階段的
聯盟式廣告和搜尋廣告開始改善啊。

事業擴張時的廣告

在事業大幅擴張的時候，除了有顯性需求的顧客外，還必須讓還不認識你的商品或服務的潛在客群認識你。

為了接觸到潛在客群，我們需要**利用多媒體聯播網廣告和社群網站廣告獲取曝光度**。

用語解說

什麼是「搜尋廣告」？
又叫動態搜尋廣告，亦即會配合用戶的搜尋關鍵字出現在搜尋結果最上面的廣告。由於廣告費用是按照點擊次數收取，所以也被稱為PPC（Pay Per Click）廣告。在日本以Google廣告和Yahoo!廣告為代表。

什麼是「多媒體聯播網廣告」？
展示在網站或app上的廣告，又稱作橫幅廣告。會隨著關鍵字或用戶的瀏覽紀錄顯示畫面或影片，具有可讓原本不認識商品的客群認知該商品存在的優點。

3-4 描繪顧客的具體形象可提升廣告效果

依照廣告的特徵選擇適當的類型

要提高廣告成效，就要思考這則廣告可以做到什麼。例如假設有一款創新的英語會話學習app想打廣告吸引大家來下載安裝，你覺得其目標客群會採取何種行動呢？

對學習英語有明確需求的人，應該會在網路上搜尋英語學習的資料。此時單純只是對英語這門語言有興趣的人，跟想出國旅行與外國人溝通的人，這2種人所用的關鍵字會有所不同。由於搜尋廣告可依照用戶輸入的關鍵字而顯示，所以能把不同的需求吸引到同一件商品上來。而要讓已經在使用同類app的用戶以及其他屬性類似的人看到廣告，則可使用多媒體聯播網廣告，或是投放社群網站廣告更精確地篩選目標。

請掌握每種廣告能做到什麼事，再從顧客的角度來設計廣告吧。

▶預約型廣告和程式化廣告的差異

預約型廣告	報紙、雜誌、電視廣告、 看板廣告等傳統媒體上的廣告 純廣告
程式化廣告	可即時變更、改善廣告素材的廣告 搜尋廣告／聯盟式廣告／ 多媒體聯播網廣告／社群網站廣告

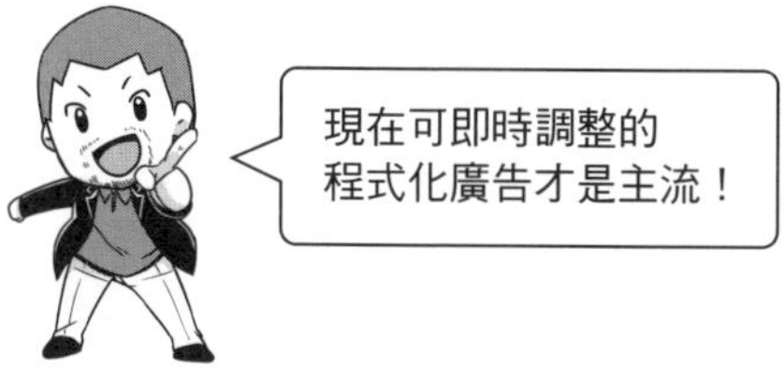
現在可即時調整的
程式化廣告才是主流！

當代的廣告是以可即時反應的程式化廣告為中心

當代廣告設計的核心是「程式化廣告」。過去的網路廣告也跟報章廣告和電視廣告一樣是買斷制，是以在特定一段時間內或顯示次數用完前不停展示同一個廣告的「預約型廣告」為主。

但在現代，是以可依照廣告內容、投放場所、預算、地區、星期等條件，根據實際的回饋即時柔軟調整的「程式化廣告」為主流。換言之，現代的廣告可以按照顧客變化臨機應變，隨時調整。

多媒體聯播網廣告可以精準投放

以前的廣告是在各大媒體的網站上留出展示廣告的區塊，然後貼上橫版的廣告圖片，也就是所謂的「展示型廣告」。

而現代的廣告投放業者除了各大媒體網站外，還可以在個人部落格或手機app畫面上設置自動化的廣告。這就是「多媒體聯播網廣告」。代表性的例子有GDN（Google Display Network）和YDN（Yahoo! Display Network）。

近年這個領域的進化十分顯著，甚至可以針對不同對象進行精準投放。例如現在很常用的「再行銷廣告（Remarketing / Retargeting）」，就可以只針對來過某網站的人投放廣告。由於曾來過同一網站的訪客中，包含很多距離付諸購買行動只差臨門一腳的人，所以廣告的精準度會比對所有人投放來得高。例如可以只針對瀏覽過價格表等特定網頁的瀏覽者來投放。

另外，由於可以透過Google或Yahoo!的搜尋歷史或瀏覽紀錄等資料，推測使用者的購買意願和興趣，因此還可以實現針對最近買過不動產的人投放家具廣告，對學英語有興趣的人投放線上英語會話課程的廣告等，投放與瀏覽者屬性相符的廣告。

▶程式化廣告的概念（多媒體聯播網廣告）

從前	指定「**1週內保證播放〇〇次總價〇萬元**」，以1對1的方式委託

網路橫幅廣告在過去更接近預約型廣告

現在	透過統合各網站的聯播網路 **實現同時在多個網站刊登**

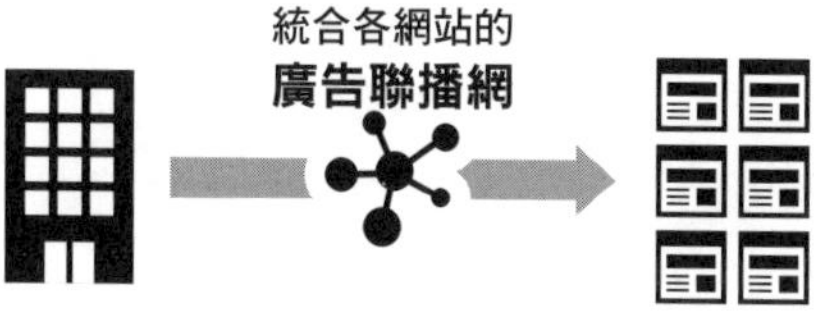

隨著廣告科技的進化，得以實現根據投放成果來調整做法的多元化廣告投放

✓鎖定潛在顧客效果更好

多媒體聯播網廣告可以針對同類型的用戶，也就是屬性相似的人群來投放。**例如與現有顧客類似的用戶，會比其他屬性的人更可能消費自家產品，因此對他們投放廣告可以換來更多的消費次數。**

除此之外，多媒體聯播網廣告還可指定投放的網站、地區、性別、年齡層、家庭收入等條件，所以可以實現「對東京都內的女性上班族，且經常瀏覽技術職徵才資訊的人，在通勤時段對手機上的IT新聞網站每天播放3次廣告」這種精密的投放。所以在設計時請確實規劃好要給什麼人、在做什麼的時候、投放什麼樣的廣告。

3-5 社群網路是不用自架官網的便利廣告工具

社群網路廣告要配合各平台的特徵來投放

社群網路廣告屬於程式化廣告的一種，投放的精準度很高。而配合每種社群網路平台的特性來投放十分重要，因此首先請認識各大平台的特徵。

Facebook適合需要針對特定性別、年齡、地區、以及職種和興趣等用戶屬性來投放的廣告。譬如可以設定廣告要投放給符合「30世代、女性、住在東京都、管理職、喜歡音樂」條件的對象。

Instagram則適合投放照片或影片等設計性高的廣告。雖然背後的系統跟Facebook相同，但其匿名性比前者稍高一些。

Twitter則適合針對特定用戶的追隨者來投放廣告。儘管Twitter用戶的匿名性較高，但依然可以針對某知名人士的跟隨者來投放，適合有特定興趣嗜好的廣告。

LINE是日本用戶基數最大、活躍度最高的社群網路平台。適合投放以廣大年齡層為對象的廣告。

▶不同社群網路的特性

平台種類	特徵
Facebook	・保有用戶的性別、年齡、地區、興趣、職務等資訊 ・可進行高精密度的投放
Instagram	・Facebook旗下服務，所以使用相同的投放系統 ・由於是以影像為主的社群平台，故廣告的外觀很重要
Twitter	・匿名性比Facebook高 ・可針對特定用戶的跟隨者或流行趨勢投放
LINE	・使用人數和活躍度在國內最高 ・可以觸及沒有使用其他社群平台的族群

✓選擇適合自家生意的社群平台

可以細緻地針對特定目標來投放的社群網路廣告，唯有選對特性與自家生意契合的平台才能發揮效果。所以請先確認顧客的行動，再挑選符合目的之社群平台投放廣告。

此時很重要的一點是，不要只看廣告費的金額，而要從廣告費的CP值來選擇平台。即使用了費用比較昂貴的平台，只要廣告換得的利益能回收廣告費就不是問題。其他廣告也一樣，不要「憑感覺」來選擇，應該以最終能讓顧客一再回來消費為目的，思考要在哪個平台對顧客投放什麼樣的廣告，選擇最適合的廣告投放方式。

3-6 數位行銷必須有「搜尋對策」

保持自家公司的資訊可出現在搜尋結果中

不論哪種行業，讓自家公司的資訊能確實出現並維持在相關搜尋結果中都是重中之重。因為現代大多數消費者，在買東西之前都會上網查詢網路的評價。若搜尋結果中沒有你們公司的資訊，就等於你的公司「根本不存在」。

此時，即使自家公司的官網不在搜尋結果的頭幾名也無妨。重要的是在你的目標客群容易看到的地方有出現自家公司的名字。以餐飲店為例，就是要努力讓你的店出現在美食網站或Google「我的商家」上。

用語解說

什麼是「Google我的商家」？

可在Google搜尋或Google地圖等眾多Google服務中顯示、管理商家資訊的免費工具。除了店名、地址、電話號碼、營業時間等基本資訊外，還可以顯示照片、用戶評價。公司和實體店家自不用說，連自宅營業或外派型的商家也可註冊。而且還能分析用戶的搜尋路徑和瀏覽次數，根據分析結果改善策略。在餐飲領域，比起美食網站更信任Google地圖評價的用戶也在日益增加。

▶搜尋對策重要的原因

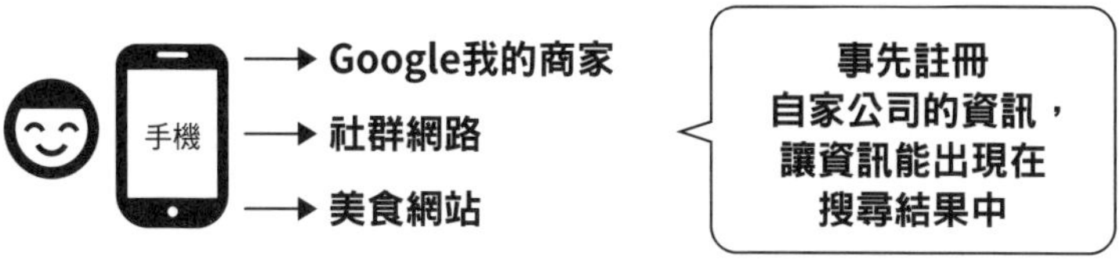
手機
Google我的商家
社群網路
美食網站
事先註冊
自家公司的資訊，
讓資訊能出現在
搜尋結果中

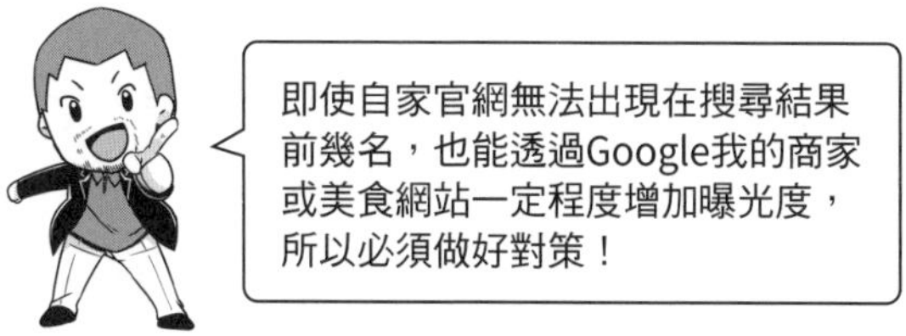
即使自家官網無法出現在搜尋結果前幾名，也能透過Google我的商家或美食網站一定程度增加曝光度，所以必須做好對策！

✓透過搜尋接觸購買欲高的用戶

網路搜尋的一大優點，是可以接觸到購買欲高的消費者。譬如會在網路上搜尋「美白化妝水」的用戶，通常購買美白化妝水的意願較高；所以在搜尋結果中展示美白化妝水的廣告，就很容易吸引他們點進去購買。**由於會做出搜尋行為的用戶具有顯性需求，所以搜尋最佳化策略尤其重要。**

要獲得新客群，就必須調查購買意願高的用戶都是用哪些關鍵字搜尋，並設法讓那些關鍵字的搜尋結果中出現自家公司的商品。從下一頁起，我們將解說搜尋關鍵字的運作機制。

✓餐飲店等實體店鋪要確保地名的搜尋曝光度

餐飲店等有實體店鋪的生意，想讓店鋪的官網出現在搜尋結果的頭幾名非常困難，所以利用美食網站或Google「我的商家」等，已經占據搜尋結果前幾名的網站來曝光會更有效率。

網路搜尋分為「一般搜尋」和「指名搜尋」2種。一般搜尋的關鍵字具有搜尋結果多，但CVR（P44）低的傾向。因此請努力讓自家公司的資訊，可以在用諸如「大崎 拉麵」、「化妝水 評價」這種與地名或評價有關的關鍵字去搜尋時出現，吸引購買欲高的用戶。

用語解說

什麼是「一般搜尋」？

也就是用諸如「化妝水」、「網購蔬菜」等，對於其他企業或商品也適用的一般性關鍵字來搜尋。可預期搜尋者中大多是不認識自家產品，或是想比較各家產品的人。做一般搜尋時，用「裝潢」、「化妝水」等大範圍的關鍵字搜尋出來的結果愈多，轉換的銷售額愈高，但CVR愈低。

什麼是「指名搜尋」？

也就是用諸如「株式會社Thinqlo」、「Oisix」這種公司名稱、品牌、或商品名稱等專有名詞當關鍵字的搜尋。由於搜尋者已經知道該公司或商品的存在，故大多是購買欲較高的用戶。指名搜尋的競爭率低，且不易被搜尋引擎的演算法影響，自家官網容易出現在頭幾名。

▸一般搜尋和指名搜尋的差異

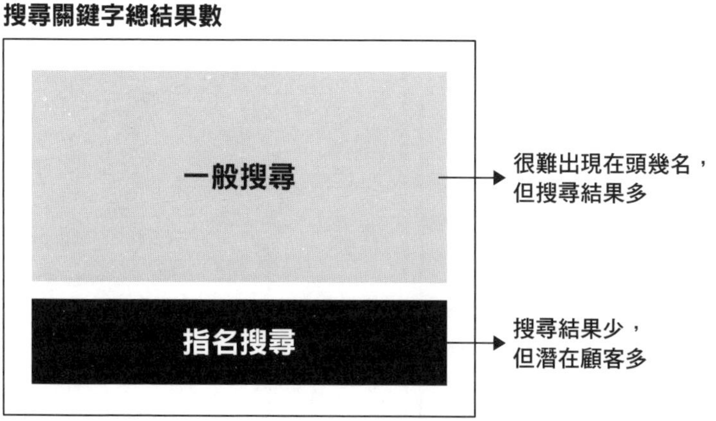
搜尋關鍵字總結果數
一般搜尋
很難出現在頭幾名，
但搜尋結果多
指名搜尋
搜尋結果少，
但潛在顧客多

✓指名搜尋的顧客都是潛在顧客

「指名搜尋」則具有搜尋結果比較少，但搜尋者中的潛在顧客較多的傾向。**在指名搜尋中，基本上自家公司的資訊很容易出現在前幾名**，所以可以將避免用戶被引導至其他同名公司，或是想讓限時活動等特定資訊能夠率先被用戶看到設定為策略的核心。

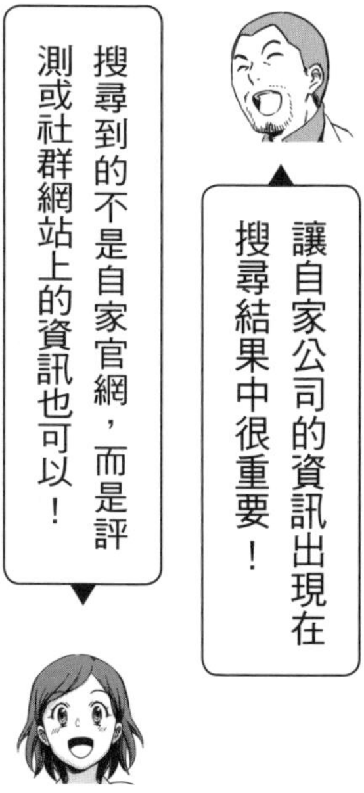
讓自家公司的資訊出現在搜尋結果中很重要！
搜尋到的不是自家官網，而是評測或社群網站上的資訊也可以！

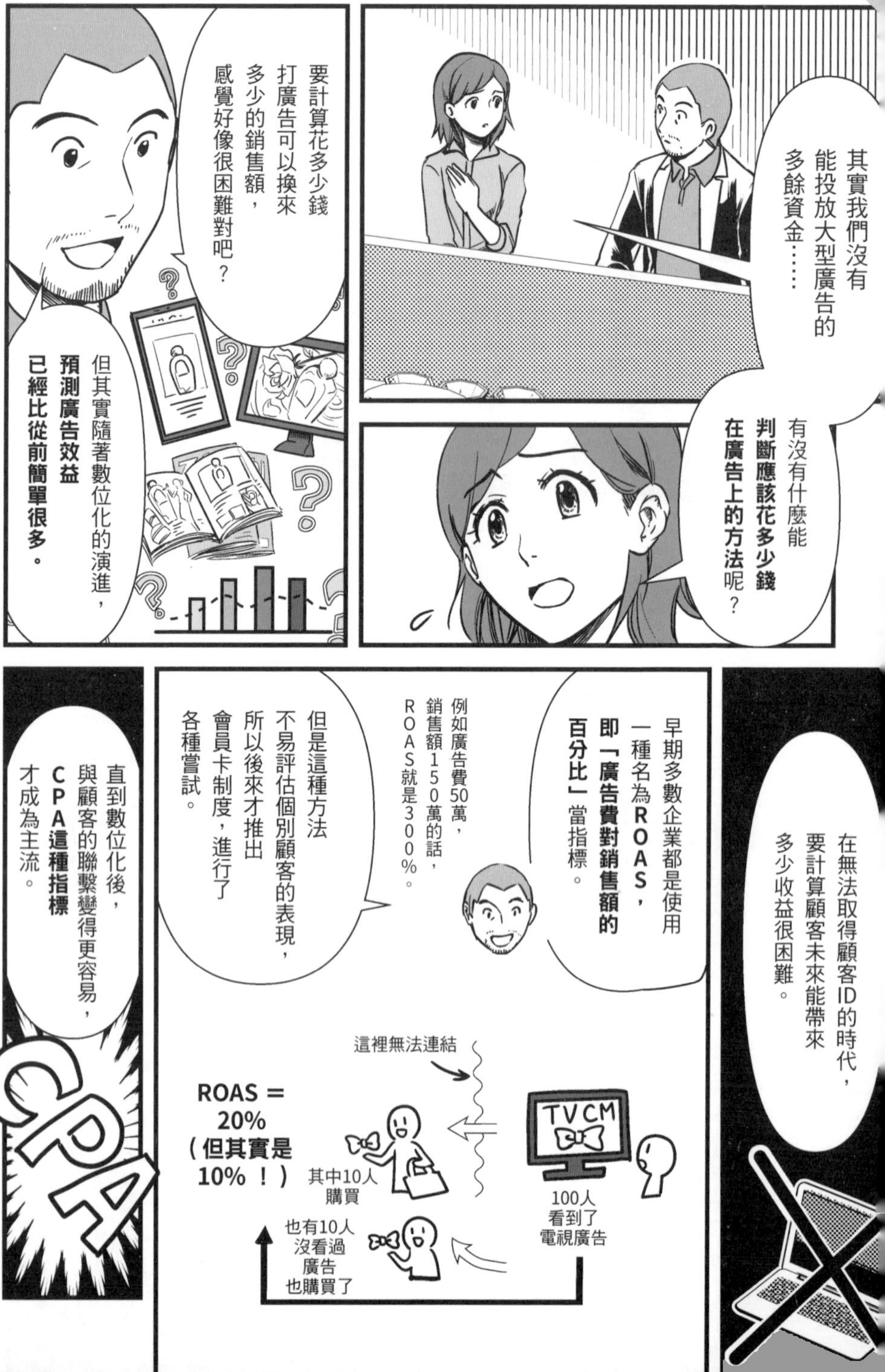
其實我們沒有能投放大型廣告的多餘資金……
有沒有什麼能判斷應該花多少錢在廣告上的方法呢？
要計算花多少錢打廣告可以換來多少的銷售額，感覺好像很困難對吧？
但其實隨著數位化的演進，預測廣告效益已經比從前簡單很多。
在無法取得顧客ID的時代，要計算顧客未來能帶來多少收益很困難。
早期多數企業都是使用一種名為ROAS，即「廣告費對銷售額的百分比」當指標。
例如廣告費50萬，銷售額150萬的話，ROAS就是300%。
但是這種方法不易評估個別顧客的表現，所以後來才推出會員卡制度，進行了各種嘗試。
TVCM
100人看到了電視廣告
這裡無法連結
其中10人購買
也有10人沒看過廣告也購買了
ROAS = 20%（但其實是10%！）
直到數位化後，與顧客的聯繫變得更容易，CPA這種指標才成為主流。
CPA

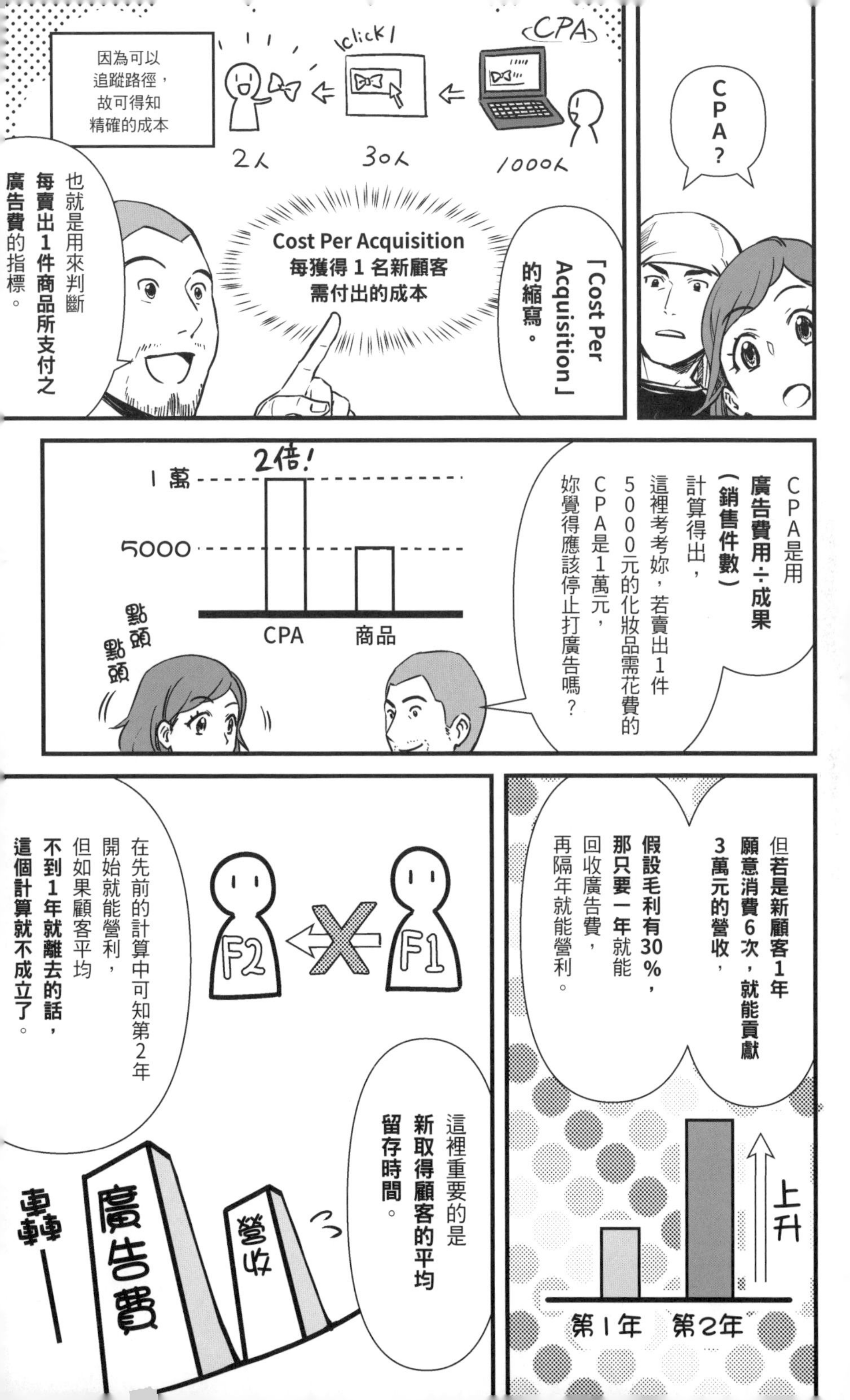
CPA？
「Cost Per Acquisition」的縮寫。
Cost Per Acquisition
每獲得 1 名新顧客
需付出的成本
也就是用來判斷每賣出1件商品所支付之廣告費的指標。
CPA
click
1000人
30人
2人
因為可以追蹤路徑，故可得知精確的成本
CPA是用廣告費用÷成果（銷售件數）計算得出，
這裡考考妳，若賣出1件5000元的化妝品需花費的CPA是1萬元，妳覺得應該停止打廣告嗎？
2倍！
1萬
5000
CPA
商品
點頭點頭
但若是新顧客1年願意消費6次，就能貢獻3萬元的營收，
假設毛利有30%，那只要一年就能回收廣告費，再隔年就能營利。
上升
第1年
第2年
在先前的計算中可知第2年開始就能營利，但如果顧客平均不到1年就離去的話，這個計算就不成立了。
F1
F2
這裡重要的是新取得顧客的平均留存時間。
廣告費
營收

我懂了！
要判斷該花
多少廣告費，
應該先瞭解新顧客中
有多少人願意
回頭消費，
然後**比較留存顧客**
消費商品的平均單價
是否有營利
才對！
留存顧客
顧客單價
廣告費
全體的60%
每個人平均
消費的金額
VS
10000
1000
1000
……也就是說，
果然分析自家公司的現狀
才是最重要的嗎？
基本上
就是這樣。
喘
喘
那如果發現CPA
非常差的話，
又應該
怎麼改善呢？
這個嘛，
首先必須分析
為什麼CPA很差。
用廣告拉攏新顧客時
重要的是
「顧客從該商品
獲得了何種體驗」，
不應「為了賣產品而打廣告」，
而應該去思考如何
「用商品給予良好體驗，
把顧客變成粉絲」。
HAPPY!?

提供良好的體驗……
以化妝品來說，由於價格昂貴，所以在購買時的心理門檻通常很高。
不論是多麼優秀產品，不論如何下工夫包裝，都很難降低這個門檻。
萬一買錯就糟了
F0
所以如何降低首次消費的門檻，實際提供良好的體驗就很重要。
跳過去吧
很不錯嘛
F1
那麼妳覺得該怎麼做才能降低門檻呢？
試用組
3件組
啊、像是試用組？
對，所以要找出能確實展現商品的優點，而且會讓人想要體驗看看的內容量和價格。

只要顧客跨出第一步，就比較容易讓顧客感受到產品的優點，也較容易繼續回頭消費。
所以可以從「如何提供優質的體驗，使回頭率最大化」來思考試用品的設計。
不錯耶！
F1
買了！
F2
這種廣告我常常看到，但領了免費的試用品卻不買的人應該很多吧？
問得很好！的確降低初次體驗門檻的話，也有可能發生「沒有購買意願的試用者」人數增加，使得行銷費用膨脹而無法獲利的情況。
對於這個問題，可以在降低消費門檻的同時「稍微提高體驗門檻」來有效解決。
F1
體驗
消費
例如把首次消費的門檻降為免費，但使用者一定要先填寫網路問卷，或一定要留下使用評價等。
Q1
Q2
Q3
評價
的確，這樣一來就能只留下有一定程度購買意願的人了。

像這樣從顧客的角度來思考，要設想廣告和首次體驗的效益就會一口氣簡單不少。
這就是數位行銷的優點和有趣之處喔！
廣告費100萬……
點進來的共有1萬人，其中有消費的是400人，所以CPA是2500元……
把這想成一次的消費，因為單件的毛利是1500元，所以是負收益，但把第2次和第3次的購買率也考慮進來的話……未來的預期收益會大於CPA，所以……
碎念
碎念
嗯，行得通！再多出點廣告費也不要緊！
喀噠
喀噠
喀噠
感覺工作變得有趣起來了！

3-7 數位行銷時代中廣告費計算方法的改變

廣告費可用留存顧客貢獻的營利回收

究竟要花多少錢打廣告，是個任誰都會傷腦筋的問題。而判斷的基準，就是透過廣告獲得的顧客所貢獻的營利是否大於廣告費本身（左頁上）。

究竟該投入多少廣告費用，可以從賣出1件商品須支付的廣告成本，也就是CPA來判斷。例如假設CPA是1萬元，每名顧客每年貢獻的銷售額是3萬元，且商品的毛利率為40％。此時，若1名顧客可留存1年，獲利就有1萬2千元，大於CPA的1萬元，代表廣告費可以回收（左頁下）。但若這名顧客在1年內解約的話，廣告費就難以回收了。

因此為了不讓廣告費出現赤字，為了將新顧客轉換成老顧客，如何設計可給予顧客良好體驗的入口廣告相當重要。

▸「廣告費＜廣告獲得之顧客所貢獻的營利」為設計的基準

設計出即使扣掉廣告費也能獲利的營利模式

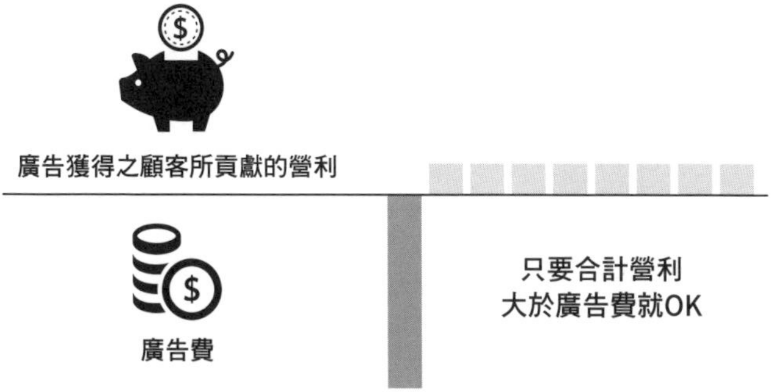
廣告獲得之顧客所貢獻的營利
廣告費
只要合計營利
大於廣告費就OK

▸如何確保顧客貢獻的營利可回收廣告費

假設CPA為1萬元

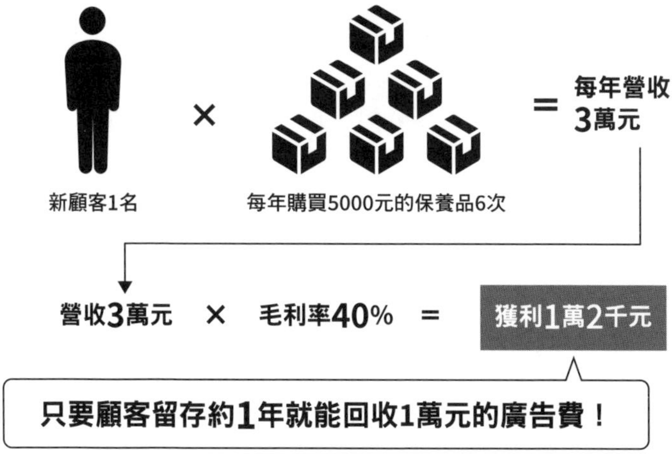
新顧客1名
×
每年購買5000元的保養品6次
=
每年營收
3萬元
營收3萬元 × 毛利率40% = 獲利1萬2千元
只要顧客留存約1年就能回收1萬元的廣告費！

✓估算廣告費時不要讓營利低於損益分歧點

估算廣告費時，請以成本和獲利剛好打平的損益分歧點為基準。例如對某個單價5000元，毛利率30％（1500元）的保養品投入9000元的廣告費。假如此保養品的消費頻率為2個月1次，則在營利超過9000元，也就是顧客留存剛好1年的時候，就是這件產品的損益分歧點。換言之，只要由廣告獲得的顧客平均留存時間在1年以上，就能回收這9000元的廣告費。假如平均留存時間有2年，還能獲得9000元的盈餘。

但另一方面，假如平均留存時間只有6個月的話，就會反過來虧損4500元，變成赤字。此時就必須降低廣告費用，並設法提高顧客留存率。

如上述，**在估算自家公司應該投入多少廣告費時，請避免讓留存顧客帶來的營利低於損益分歧點**。

用語解說

什麼是「損益分歧點」？

營收和成本的金額相等，損益兩平（±0元）的狀態。銷售額在損益分歧點之上會產生盈餘，在分歧點之下則會產生虧損。從損益分歧點的角度規劃廣告費用時，須檢查留存顧客帶來的營利（每件商品的消費金額×平均消費次數×毛利率）是否大於廣告費。

▸ 可回收廣告的消費次數

<5,000元的保養品（毛利率30%）>

平均留存時間	消費次數	獲利	若廣告費為9,000元	
6個月	3次	5,000元×3次×30% 4,500元	-4,500元	無法回收
1年	6次	5,000元×6次×30% 9,000元	±0元	損益分歧點
2年	12次	5,000元×12次×30% 18,000元	+9,000元	大幅獲利

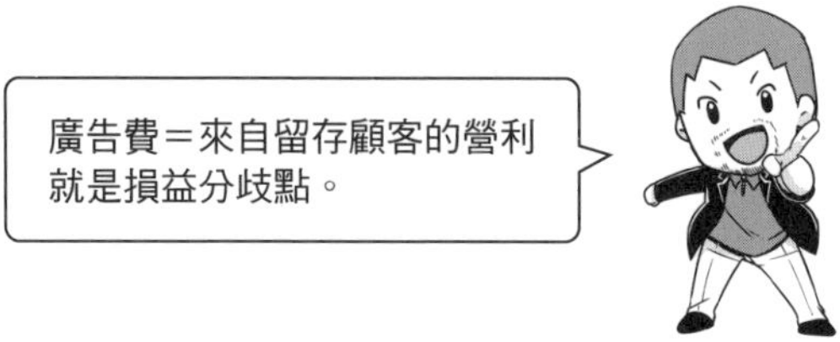
廣告費＝來自留存顧客的營利
就是損益分歧點。

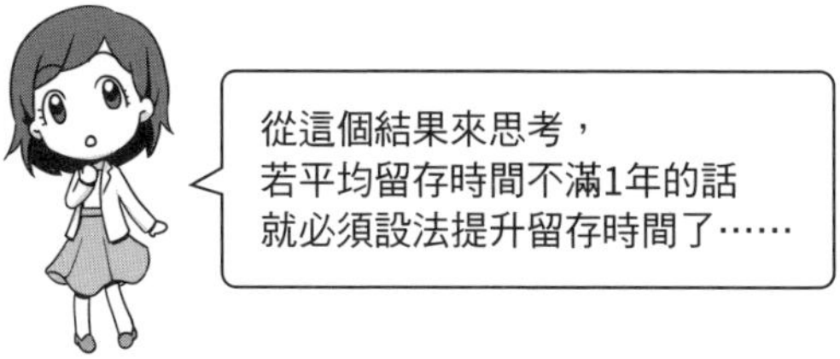
從這個結果來思考，
若平均留存時間不滿1年的話
就必須設法提升留存時間了……

✓思考可用每名老顧客貢獻的營利回收廣告費的入口

為了避免營利低於損益分歧點，使得廣告費變成赤字，請先計算每一名老顧客的獲取成本CPO，再用CPO來控制廣告費。

每名老顧客的獲取成本（CPO），可以用每名新顧客的獲取成本（CPA）除以F2留存率算出。若CPA為1萬元且F2留存率為30%，CPO就是1萬÷30%，約等於3萬元。換言之，在設計廣告的時候，不能讓廣告成本超過CPO的數值。

以Oisix為例，我們有販賣新顧客限定的半價嘗鮮組合。若只看這個嘗鮮組合，那麼這個定價其實是賠本的。但若從平均留存時間和CPO來看，這個嘗鮮組合獲取的顧客所貢獻的營收是可以回收廣告費的，因此我們才敢用正常定價的半價來賣。

用語解說

什麼是「CPO」？

「Cost Per Order」的縮寫，在本書中是指獲取1名老顧客須付出的成本。CPO可以用「CPA（P44）÷F2留存率」計算，若CPA為1萬元且F2留存率為30%，CPO就是約3萬元。利用免費試用的廣告手段來集客時，CPO才是真正的顧客獲取成本。

▶計算獲取1名老顧客所須花費的廣告成本

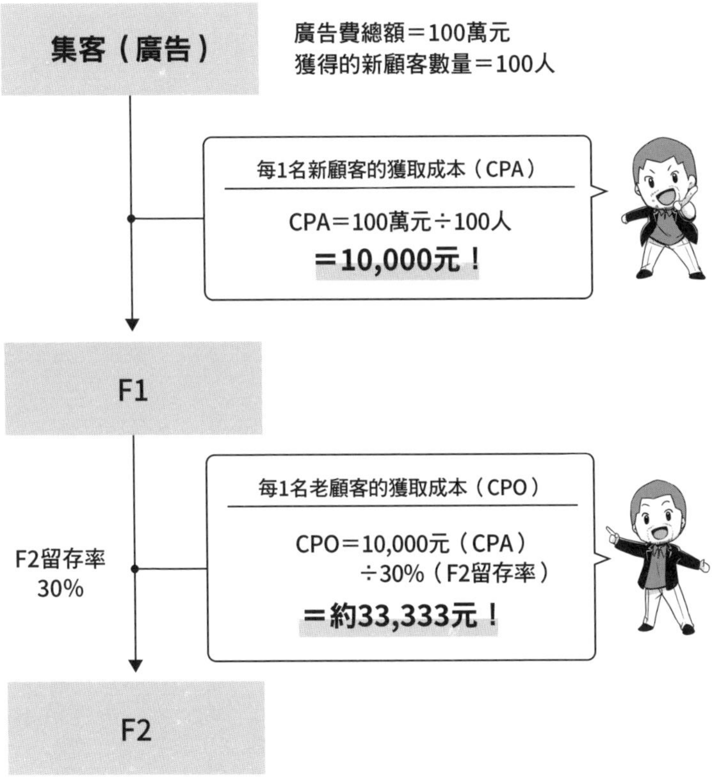
集客（廣告）
廣告費總額＝100萬元
獲得的新顧客數量＝100人
每1名新顧客的獲取成本（CPA）
CPA＝100萬元÷100人
＝10,000元！
F1
F2留存率
30%
每1名老顧客的獲取成本（CPO）
CPO＝10,000元（CPA）
÷30%（F2留存率）
＝約33,333元！
F2

▸用免費體驗提高CVR的例子

以保養品為例

首次消費商品	CVR	CPA	F2留存率	CPO
5,000元	1%	10,000元	30%	33,333元
1,000元的體驗組	3%	3,000元	20%	15,000元

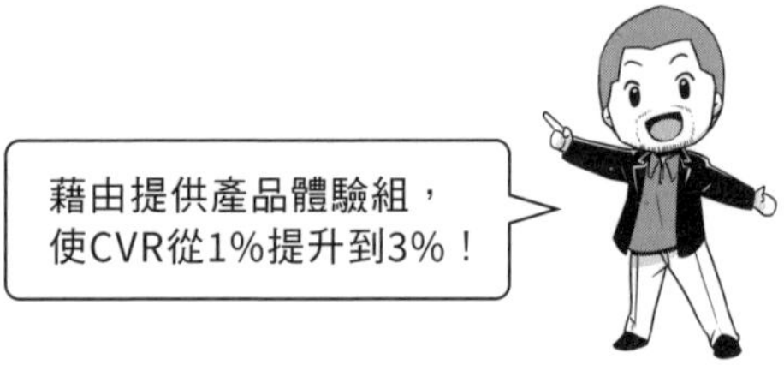
藉由提供產品體驗組，
使CVR從1%提升到3%！

✓用免費體驗降低門檻

提供試用品或免費體驗期是提高轉換率（CVR）的有效策略。例如比起1件5000元的保養品，1件1000元的體驗組合的CVR會高得多。這就是藉由降低首次消費的門檻來增加新顧客獲取量的例子。

商品的單價愈高，首次消費的門檻就愈高，因此提供免費體驗或試用品是很有效的方法。例如動輒要價百萬的汽車就屬於首次消費門檻很高的商品。因此可以藉由舉辦免費試乘的活動來降低消費門檻，透過體驗來勾起消費者「想購買」的心情。

以使顧客留存成為老顧客為目的

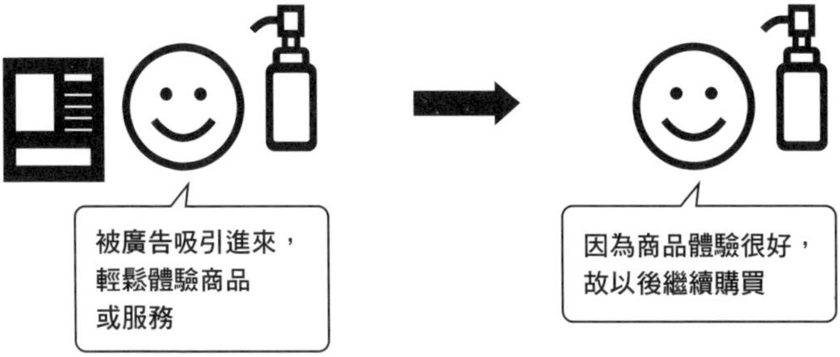
被廣告吸引進來，
輕鬆體驗商品
或服務
因為商品體驗很好，
故以後繼續購買

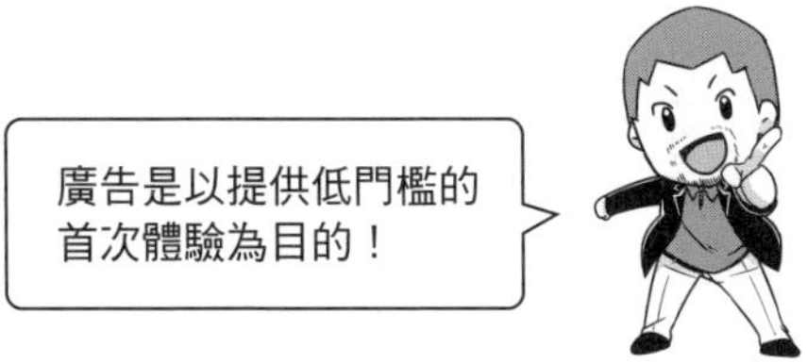
廣告是以提供低門檻的
首次體驗為目的！

目的是F2留存

但不能忘記的是，免費體驗和試用品的**最終目的都是F2留存**。如果F2留存率無法提升，就必須檢討應在首次消費時，給予消費者什麼樣的體驗才能讓他們回頭，又是否能夠回收廣告費用。

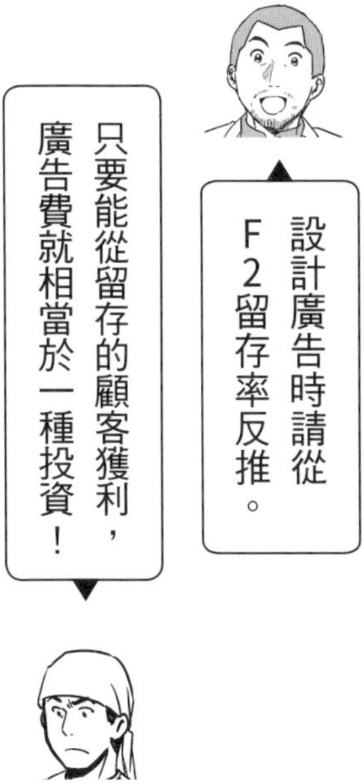
設計廣告時請從F2留存率反推。
只要能從留存的顧客獲利，廣告費就相當於一種投資！

3-8 消費門檻要低、體驗門檻要高

可以低價體驗的同時，也請稍微設下障礙

對於消費門檻很高的高價商品，提供可輕鬆體驗的低價試用品或免費體驗期，乃是獲取新顧客的有效策略。然而與此同時也有個缺點，那就是也很容易吸引來那種認為「反正不用錢就用用看」，但完全沒有購買意願的客人。而要解決這問題，「降低消費門檻，提高體驗門檻」是個有效的方法。

降低消費門檻，也就是提供低價試用品或免費體驗期。譬如Oisix提供價格只有正常定價一半的食材嘗鮮組合就是一例。

而提高體驗門檻的方法，則像是增加必須填寫問卷或註冊會員等條件。雖然可用低價體驗，但必須先完成一些稍微麻煩的作業，如此一來就能一定程度上讓沒有購買意願的人感到「既然這麼麻煩就算了」而打退堂鼓。

▸消費門檻和體驗門檻的概念

降低消費門檻	
缺點	優點
對商品 沒興趣的人 也會被吸引來	可降低 CPA

所以還必須
稍微拉高體驗
門檻！

提高體驗門檻的方法舉例

健身俱樂部
免費體驗

體驗門檻
「必須在體驗後接受訪問」

那就必須認真做
才行了……

網路新聞30天
免費訂閱

體驗門檻
註冊會員時必須輸入
信用卡資料

我真的有想看到需要
註冊會員嗎……

設定門檻可以篩選出真正有興趣的顧客

設定體驗門檻，可以用來篩選出真的對自家商品或服務有興趣的客人。譬如用LINE或其他社群網路的好友功能與顧客產生連結雖然重要，但並非所有連結的顧客都對自家的服務或商品很有興趣。尤其當中通常都會存在那種儘管毫無興趣，卻還是因為某些緣故，而一直將店家帳號留在好友名單上的人。

而就算對這些族群舉辦新商品的促銷活動，由於他們根本就沒有興趣，成果大概也遠遠不如只針對粉絲推出的活動。這種時候，設定體驗門檻就是有效的方法。換言之，設定「須填寫問卷」等體驗門檻，可以從與自家公司有連結的顧客中，篩選出對自家商品興趣較高的潛在顧客，規劃行銷策略。

用語解說

什麼是「潛在顧客」？

雖然還不認識某商品或服務，但認識後可能會考慮消費的顧客。潛在顧客通過廣告或網路評論發現某商品或服務對自己是必需品，或是對此類商品特別有興趣時，就會開始考慮購買，有很高的可能性會消費成為顧客。

▸ 用體驗門檻篩選出潛在顧客

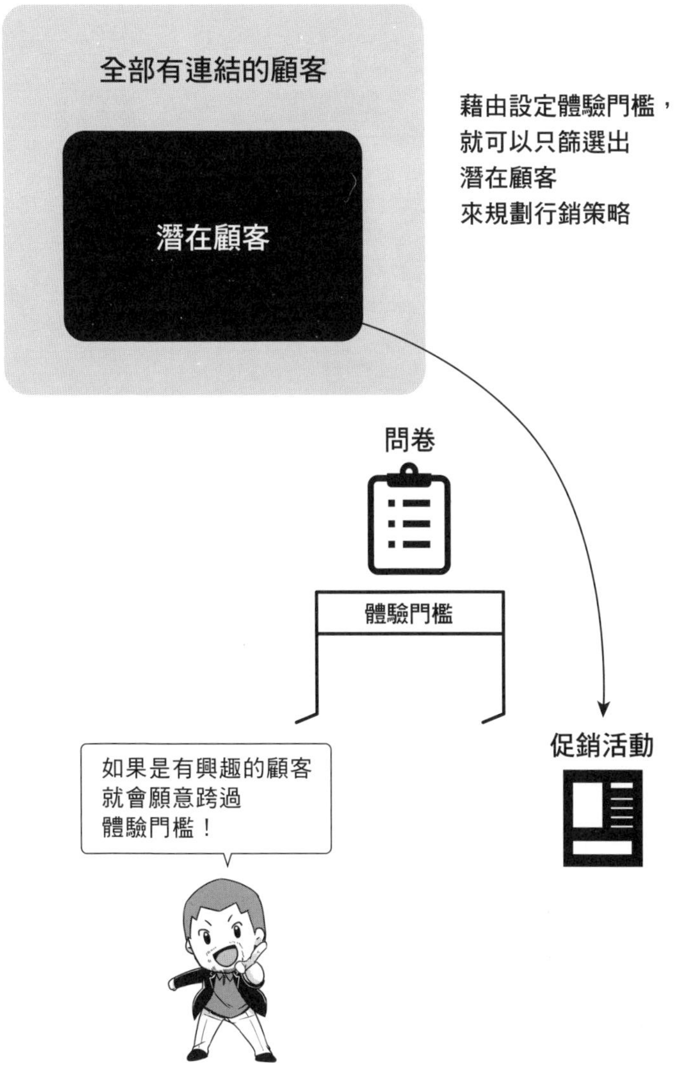
全部有連結的顧客
潛在顧客
藉由設定體驗門檻，
就可以只篩選出
潛在顧客
來規劃行銷策略
問卷
體驗門檻
促銷活動
如果是有興趣的顧客
就會願意跨過
體驗門檻！

用填問卷當體驗門檻即可取得顧客資料

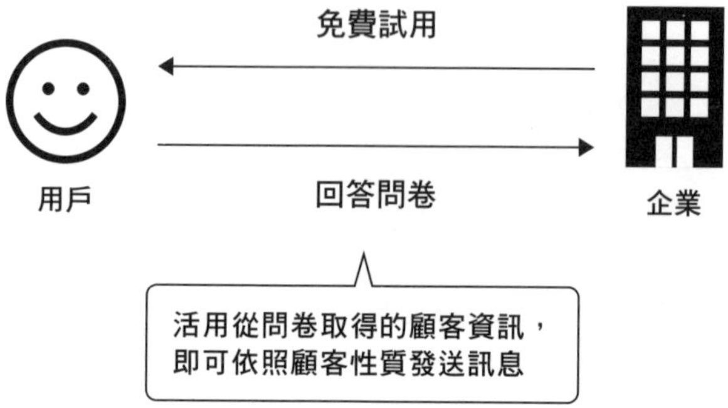
免費試用
用戶
回答問卷
企業
活用從問卷取得的顧客資訊，
即可依照顧客性質發送訊息

有效運用體驗門檻

體驗門檻的內容，若設定成可活用於未來行銷策略的條件會更有效率。例如以必須填寫問卷為條件，可以順便蒐集到潛在顧客的資料。而在提供免費試用品的同時以註冊會員或寫問卷為條件，則能取得顧客的個人資訊，未來就可以依據顧客性質發送行銷訊息。

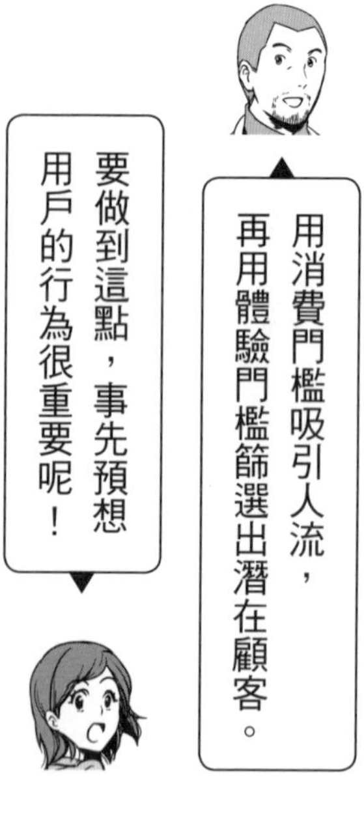
用消費門檻吸引人流，再用體驗門檻篩選出潛在顧客。
要做到這點，事先預想用戶的行為很重要呢！

第4章

改善網站的重點在於找出「林相」

白石學姊，方便打擾一下嗎？
嗯？怎麼了嗎？
我們想改良「WHITE LABEL」的官網，
但部門裡對於應該從何下手感到非常茫然，想說白石學姊說不定知道該怎麼做……
原來是這樣啊。
有人向我求助……！
可是我對網站改良也一竅不通耶……
你先等我一下。

喂喂，西井先生！抱歉突然打來，
請問改良網站應該要怎麼改才好呢?!
我想妳只要回顧前面學的知識就能看到方向了，
我提供2個建議吧。
「好好思考架設網站的目的」。
「要見的不是樹也不是林，而是林相」。
是。
好……
啊、抱歉，我等等還有工作，先掛斷了。
嘟
哎、能不能再說得更詳細……
哎……。

我想先問一下，為什麼你們會想改良官網呢？
因為WHITE LABEL官網雖然有網購功能，但來自網路的訂購數卻很少。
所以我們想說改變一下官網的視覺印象，讓網站看起來比其他品牌更吸睛。

等等，改變網站的視覺印象真的就能增加銷量嗎？網站的訪問人數有多少？
我看看……

頁面	流量
首頁	12000
商品A	6000
商品B	8000
商品C	7500
商品D	6500
購物車	100
用戶資料輸入	70
支付資料輸入	50
訂購完成	20

WHITE LABEL
5000元
Thank you
……你看看這邊，
把商品放進購物車的人1天明明有100個，但**完成訂購的卻只有20個人**。
咦！真的耶……
但放進購物車不就是有購買的意願嗎……？
可能是購物車的頁面有什麼問題喔！能打開來看看嗎？
好的
冗長
這是……要輸入的項目好多……有必要到詢問家庭成員嗎？

我想說盡量多蒐集資料對行銷比較有幫助……
可是要輸入的東西太多，不是很容易讓人填到一半就放棄嗎？
另外不顯示結帳金額確認好像也有點不夠親切，擔心自己花了多少錢而跳回前頁的人應該很多吧。
×1
×1
×1
確定下單
確實……
還有這個字體在手機上看也太小了……這樣子很容易讓人失去購買的興致呢。
真的耶……所以最大的問題是客人在這個階段便放棄購買了對吧！
我馬上去改善！
好。

還有可以的話，我也想再提升網站的流量……可以多打點廣告嗎？
是嗎？我想想喔……
要見的不是樹也不是林，而是林相。
整個網站的數據是森林，而個別頁面是樹，那林相就是……
在那之前我可以先看看網站整體的數據嗎？
好的。
關於架網站的目的，如果從**網站與銷售額的關係**來想會更容易理解，
銷售額
＝
流量 × 轉換率 × 商品單價
網路商店的銷售額可用**「銷售額＝流量×轉換率×商品單價」**來計算。
這裡建議做一張表區分構成銷售額的3種要素。

大部分的人都會想先提高流量，但如果不先掌握訪客是從哪裡來的，一味提高數字其實沒有意義。
必須先理解哪種策略可以達到哪種效果，再來決定要實施何種策略。
喀噠
喀噠
與其汲汲營營於個別頁面的流量，不如先掌握整體狀況後再施行必要的策略。所以要看的不是樹木，而是整個森林的林相。

就像這種感覺吧。
噠

流量來源			4月	5月	6月
直接訪問		流量	100	100	100
		CVR	5.0%	5.0%	5.0%
搜尋	指名（品牌、公司名）	流量	100	110	120
		CVR	4.1%	4.0%	4.4%
	指名（商品名）	流量	50	70	50
		CVR	9.2%	9.5%	9.5%
	一般	流量	250	280	310
		CVR	1.0%	1.0%	1.2%
電子郵件廣告		流量	100	500	1000
		CVR	5.2%	5.2%	5.2%

我建議重新檢討網站首頁內的關鍵字，驗證看看效果。
網路搜尋分為「指名搜尋」和「一般搜尋」，指名就是用具體的商品名稱查詢，而一般則是用像「大崎 拉麵店」這種泛用關鍵字的搜尋方法。
指名搜尋的流量不容易提高，因此在一般搜尋上下工夫可能比較好。總之先設法提高來自一般搜尋的流量吧。
大崎 拉麵店
美白
化妝水
保濕
原來如此！所以不應該盲目增加數字，而是要先弄清楚應該提高哪部分的數字，這樣就自然知道下一步該做什麼了……！
不愧是學姊!!
沒什麼啦～
西井先生，謝謝你～!!

4-1 從現狀分析找出網站的改善點

從架設網站的目的思考改善方法

改善網站的線索，可以通過設定目的和分析現狀得出。比如網路商城的目的是讓消費者購買商品，而B2B網站的目的則是提供顧客詢價或洽談的管道。

改良網站時常犯的錯誤之一，就是誤以為「只要弄出漂亮的首頁就能提高銷量和訪問數」。然而，就算把首頁弄得漂亮吸引到訪客，如果下單頁面很難操作，或是很難在網站上找到聯絡的方式，就很難產生效果（左頁上）。所以依照網站的目的，確實設計引導至結果的路徑十分重要（左頁下）。

現在市面有很多像是Google Analytics等可以用來分析網站數據的方便工具。所以首先請從認識顧客或用戶的狀態開始做起吧。

▸ 不做分析就著手改造首頁很難發揮成效

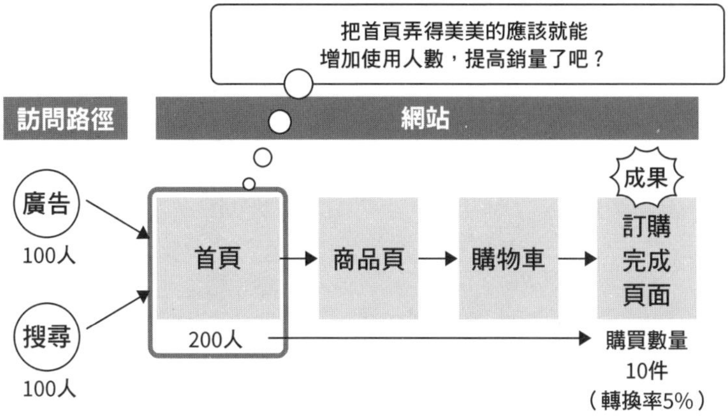

▸ 分析後重新檢視引導至目的之路徑……

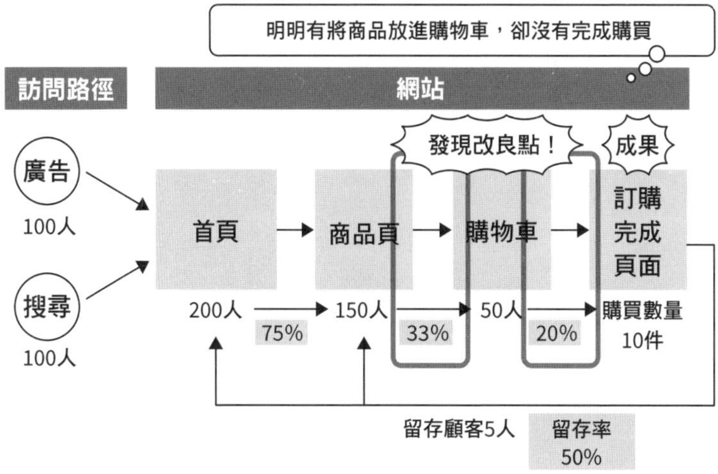

4-2 改善網站要從顧客的角度來設計體驗

從顧客的角度思考網站的改良點

如果發現網站有可改善的地方，接著又該如何改良才好呢？這個答案的線索就在於「從顧客的角度來看是什麼在阻礙消費？」這個問題上。

例如，讓我們來想想，為什麼很多人會在網路商店的商品頁面打退堂鼓。顧客在商品頁打退堂鼓，可能的原因有頁面上缺乏顧客想知道的資訊，或是商品介紹太難理解。因此，改善的方法有：更詳細地介紹商品的性能、加上該商品可派上用場的具體使用情境、標明從下單到出貨與送達所需的時間等顧客會想知道的情報。

其他像是放上使用者的評價等一目瞭然的資訊也很有效。簡言之就是打造顧客可以放心購買的環境。

▸ 商品頁面的可能問題和改善方法舉例

商品頁

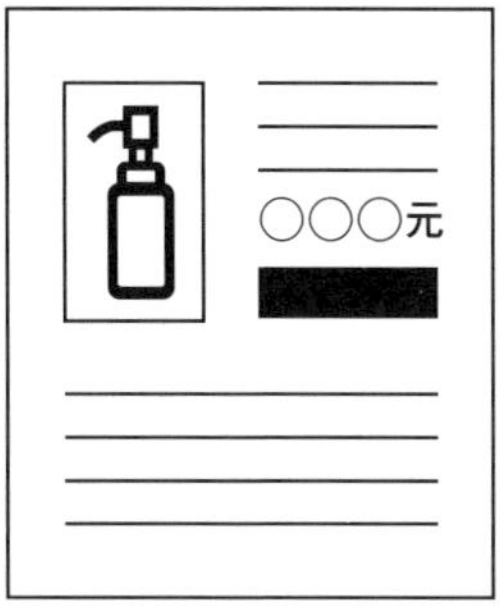
○○○元

＜問題＞

- 看不懂商品的用法
- 想知道使用後的感想
- 不知道何時能送達

＜改善方法＞

- 寫上具體的使用情境
- 放上使用者感想或評價
- 標明預定可送達的時間

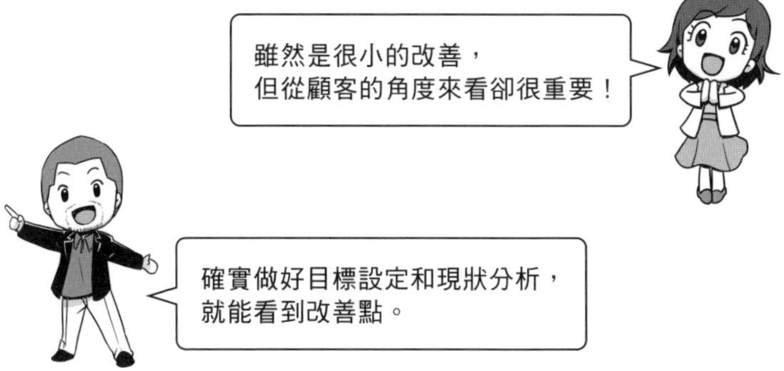
雖然是很小的改善，
但從顧客的角度來看卻很重要！
確實做好目標設定和現狀分析，
就能看到改善點。

✓把自己當成顧客來檢查自家的網站

接著，我們再來想想消費者在購物車打退堂鼓的情況。這個問題的思考重點也是「顧客的角度」。那麼當顧客在購物車頁面萌生退意的時候，心裡究竟是在想什麼呢？

例如，雖然商品順利放進了購物車，卻看不到需要多少運費，或是看不到商品本體加上運費後的總金額、不知道商品什麼時候會出貨並送達，這些都是可能使人放棄購買的原因。在心中懷有不安和疑慮時，顧客是不會付錢購買的。

另外下單表格也可能是原因之一。比如不知道應該在哪裡輸入哪些資料、需要輸入的項目太多令人感到麻煩等。如果下單的手續太多或難以理解，顧客就會在中途放棄下單。

諸如此類的勸退原因，通常不實際在網頁上操作一遍是很難感受並發現的。所以請把自己當成顧客，從顧客的角度去感受，檢查自家的網站，逐一找出可改善的地方吧。

▸購物車頁面的可能問題和改善方法舉例

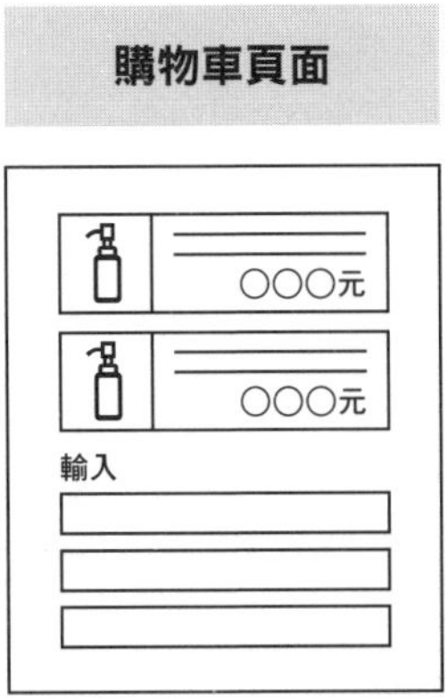
購物車頁面
○○○元
○○○元
輸入

＜問題＞

・沒有填寫範本
・多餘的填寫項目太多
・難以識別合計金額

➡

＜改善方法＞

・提供填寫範例
・只留下最少且必要的輸入欄位
・明示合計金額

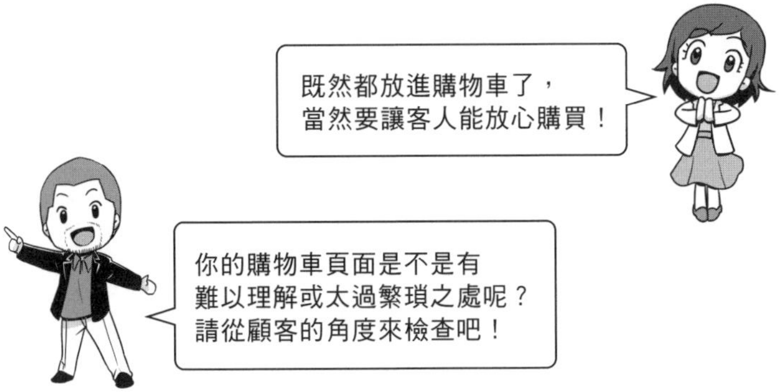
既然都放進購物車了，
當然要讓客人能放心購買！
你的購物車頁面是不是有
難以理解或太過繁瑣之處呢？
請從顧客的角度來檢查吧！

▸ 在LOVOT網站引用Instagram的貼文

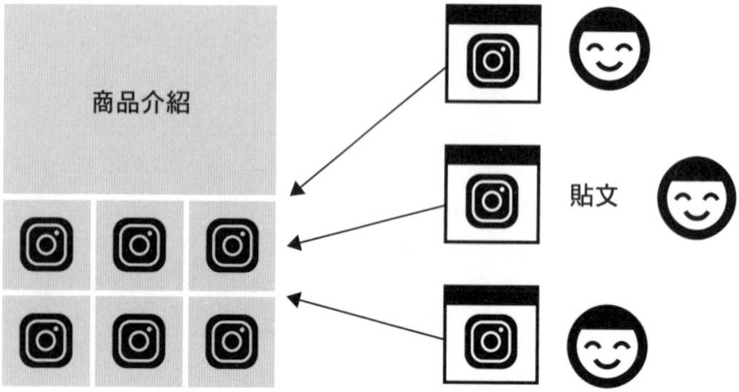

在網站上引用用戶的感想

在家用機器人「LOVOT」的官網上，有公開實際購買並使用過LOVOT的人們的Instagram貼文。這類內容俗稱UGC。對消費者而言，來自與自己立場相同者的資訊，會比來自企業的訊息更值得信賴。這就是藉由刊登具有客觀性的資訊，提高消費者對自家公司信任感的改善案例。

用語解說

什麼是「UGC」？

「User Generated Content」的縮寫，即指由顧客或用戶產生的內容。通常是指由消費方的顧客或用戶自發性針對特定商品所發布的內容，譬如常在社群網路上看到的「這個化妝水大推！」、「我買了新上市的咖啡！」這種貼文。

思考官網的目的和必要性

介紹了這麼多改善官網的方法，但根本就沒有官網的公司又該怎麼做呢？

例如自己經營拉麵店的話，架網站的主要目的應該是「讓客人知道自己的店」。但現在的大眾在尋找餐飲店的時候，大多是在網路上搜尋美食系的評測網站或Google地圖等導航服務。換言之，只要讓自己的店鋪情報出現在這些顧客的訪問路徑上，即使沒有官網也能達到目的。相反地如果是連鎖型店家，就需要有一個提供查詢全國分店等，集中資訊用的官網。由此可見，即使是同類型的商品，架網站的目的和必要性也會隨著規模和方向性而改變。

最近用社群網站帳號取代官網的店家愈來愈多了呢。

只要目標設定明確，就自然會知道該採取哪些必要的手段了！

4-3 改善網站的關鍵在於「林相」＝「各流量來源的數值」

先理解整體的「森林」後再觀察流量來源的「林相」

尋找網站改善點的線索除了顧客體驗外，還有顧客是從哪條路徑來到這個網站、來訪後又做了什麼。

經營網站的時候，很容易不小心把注意力都放在網站的特定頁面的PV（瀏覽次數）等細微的數字上。因此，請把網站整體當成「森林」，以俯瞰的角度觀察。也就是從顧客訪問頁面、把商品放入購物車、購買商品的這一系列行動所構成的森林。然而，只看整體的話無法幫助我們找出具體的問題所在。

大多數人所關注的「特定頁面的PV和CVR」就像是「樹」。只針對細微的部分去改善並不能達成目標，還可能花了許多成本卻沒有任何成果。若說網站整體是森林，而每個頁面的個別數據是樹木，那麼將個別數據依照目的和流量來源統整之後的就是「林相」。請以林相中的個別「樹種」來改善網站，平衡地兼顧林與樹。

▶ 林與樹的平衡

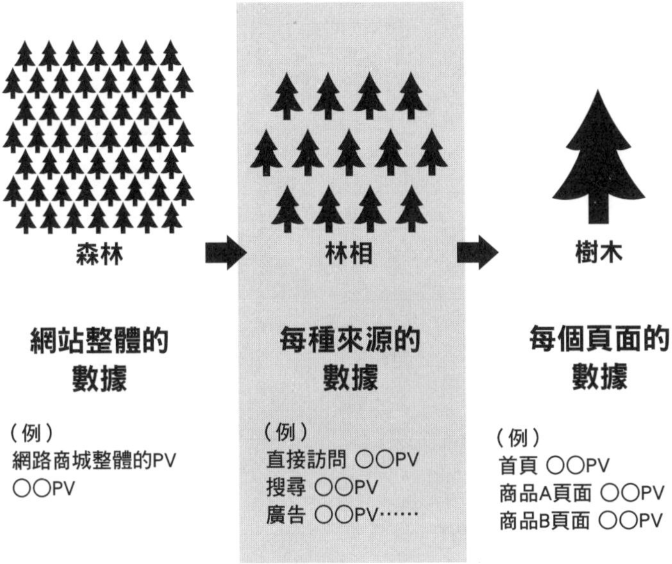
森林
林相
樹木
網站整體的數據
（例）
網路商城整體的PV
○○PV
每種來源的數據
（例）
直接訪問 ○○PV
搜尋 ○○PV
廣告 ○○PV……
每個頁面的數據
（例）
首頁 ○○PV
商品A頁面 ○○PV
商品B頁面 ○○PV

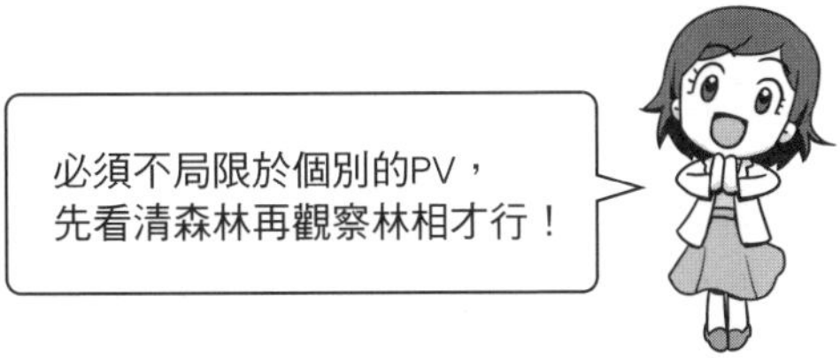
必須不局限於個別的PV，
先看清森林再觀察林相才行！

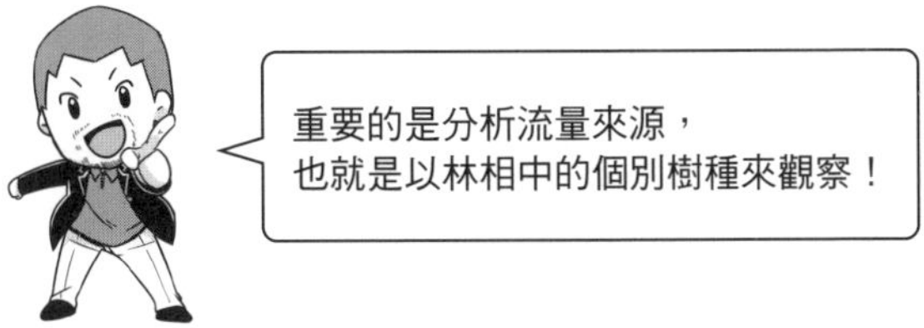
重要的是分析流量來源，
也就是以林相中的個別樹種來觀察！

依流量源分類工作階段和轉換數找出問題所在

欲以「樹種」為單位分析網站，首先要掌握所有的「流量來源」。因為經由搜尋、社群網站、廣告等不同路徑進來的用戶，他們的目的和行動通常也各不相同。只要對用戶是如何來到自己的網站，以及每種流量來源的轉換數（ＣＶ）大概有多少進行一系列分析，自然就能看到改善點在哪裡。

左頁是某網站的工作階段數和轉換率（ＣＶＲ）依照流量來源分類後的結果。例如6月時來自電子郵件廣告的流量約有１０００次，但轉換數卻只有52次（ＣＶＲ5.2％）；而直接訪問有１００次，轉換數為5次（ＣＶＲ5％）。像這樣觀察不同流量來源的數據，便能發現工作階段少的直接訪問，以及工作階段多的電郵廣告的ＣＶＲ幾乎相同。所以可行的改善方向有增加直接訪問的工作階段數，以及分析電郵廣告的工作階段在6月暴增的原因，以此為參考改良轉換的動線。

用語解說

什麼是「工作階段（Session）」？

在網站分析中，用戶訪問該網站所進行的一系列行動。不同於瀏覽次數（Page View），每個IP每次訪問同一個網站只會計算1次工作階段，所以即使同一名用戶瀏覽同網站內的多個網頁，工作階段數依然會是1。在本書的解說中比起瀏覽網頁數所對應的轉換數，更重視每次造訪網站的轉換數，因此才以工作階段為指標。

▸不同流量來源的工作階段CVR

流量來源			4月	5月	6月
直接訪問		工作階段	100	100	100
		CVR	5.0%	5.0%	5.0%
搜尋	指名（品牌、公司名）	工作階段	100	110	120
		CVR	4.1%	4.0%	4.4%
	指名（商品名）	工作階段	50	70	50
		CVR	2.0%	2.2%	2.2%
	一般	工作階段	250	280	310
		CVR	1.0%	1.0%	1.2%
電子郵件廣告		工作階段	100	500	1000
		CVR	5.2%	5.2%	5.2%

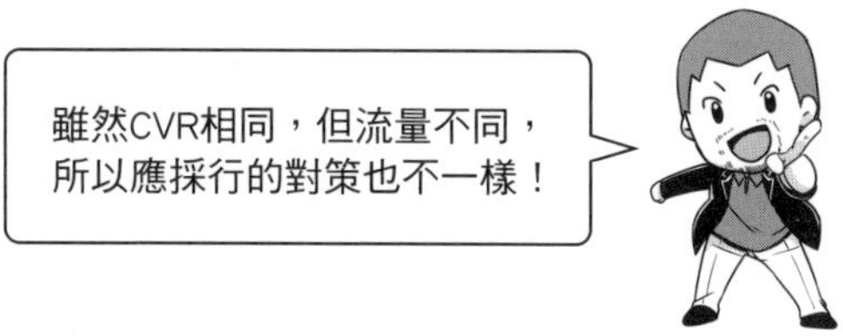
雖然CVR相同，但流量不同，
所以應採行的對策也不一樣！

找出每種流量來源問題點的方法

在依照「林相」分析網站時，仔細觀察每種流量來源的轉換率（CVR）十分重要。例如「直接訪問」的用戶應該大多是透過「書籤」或「我的最愛」點進來的。而既然喜歡到把這個網站加入書籤，即可預期直接訪問的用戶購買意願應該很高。所以若CVR很低的話，有可能是引導用戶購買的動線設計不良或回頭率太低。

而透過「搜尋」連入的流量，則應區分「指名搜尋」和「一般搜尋」的數值。指名搜尋就是用具體的商品名稱搜尋指定的商品，而一般搜尋則是用「大崎 拉麵店」這種關鍵字搜尋。經由指名搜尋訪問網站的用戶，原本就對此商品抱有較高的興趣，所以CVR理應較高。若發現透過指名搜尋訪問的用戶CVR很低，就有可能是頁面內容不符合用戶的需求。因此，此時請優先改善商品頁的內容以滿足用戶的需求。另外，透過指名搜尋進來的用戶是老顧客的可能性很高，因此也可藉此分析老顧客通常會採取哪些行動，配合他們的行為模式來改善網站。以此類推，只要逐一分析不同流量來源的用戶行為，便能自然發現問題在哪裡。

▸ 指名搜尋和一般搜尋的用戶心理差異

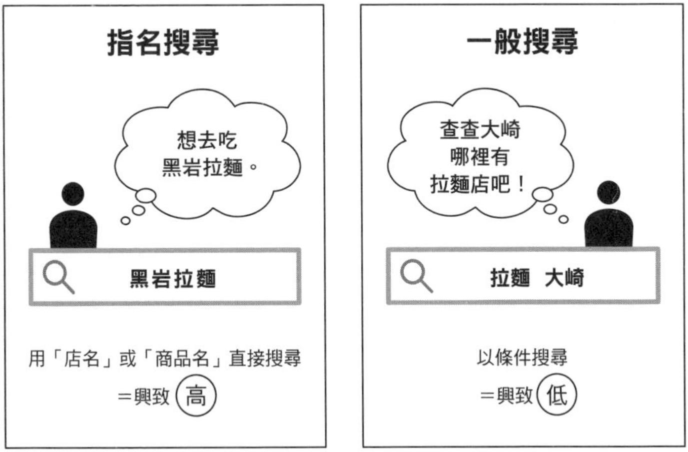
指名搜尋
想去吃
黑岩拉麵。
黑岩拉麵
用「店名」或「商品名」直接搜尋
＝興致（高）
一般搜尋
查查大崎
哪裡有
拉麵店吧！
拉麵 大崎
以條件搜尋
＝興致（低）

改善的順序依情境而異

那麼如果有多種流量來源的CVR都很低的話又該怎麼辦呢？此時請先正確理解自家網站究竟是什麼狀態。例如用商品名稱指名搜尋到訪網站的用戶，若什麼都沒做就離開網站，代表網站無法滿足用戶的需求。這種時候就必須改良網站。請檢討訪問網站的用戶到底有哪些需求，又應該在網站放上哪種資訊才能滿足這些需求。來自搜尋網站的流量增加，CVR不一定會跟著增加。改善網站時的鐵則，就是依照自家網站的狀態來決定改善的優先順位。

✓不要被SEO對策或社群網路行銷等手法綁住

在改善網站時，多數人很容易被網站或網頁的瀏覽次數，或是「SEO對策」、「社群網路行銷」等特定的手法綁住。然而，網站改善的本質，應該是改善此網站有哪些部分沒有達成架設之目的。

這個觀念適用於所有的行業。當企業在招募人才時，是以吸引求職者來應徵為目的。請問這種時候，網站上只有提供聯絡電話的公司，和另一家有提供應徵表格的公司，哪種比較容易招募到人才呢？所以說，請不要被特定的手法綁住，依照網站的架設目的來思考改善的方向。

改善網站不應拘泥於特定的手法，請依目的靈活地進行！

意識到網站本身的目的以及顧客的行動很重要喔！

第 5 章

成為一名真正的行銷員必須具備的技能

2年後
白石，這兩年妳的表現很不錯。
能不能請妳活用數位行銷技能，領導我們公司的新企劃？
真的嗎！非常謝謝您的器重！
呼……累死了……

雖然這差事
很有成就感……
但怎麼說呢……
黑岩拉麵
咦？這家店
不是……
喀啦
啊、不好意思，
我們明天才開幕，
今天只招待相關人……
果然是
黑岩先生！
啊！
白石小姐！
哎～！
居然開到第3家分店了，
真厲害耶！
因為這幾年
我按照西井先生的建議，
增加與客人間的交流，
努力讓這家店
更容易在網路上
被搜尋到。
所以今天特別邀請
西井先生來用餐表達謝意。

咦，是白石小姐！
嗚哇～是西井先生。
我是他的部下津下本。
好久不見了！
白石小姐在公司裡似乎也相當活躍呢。
多虧有你的照顧！不過……
我將當時你教我的知識應用在數位行銷的業務上，
但最近漸漸感覺不到自己有什麼成長……
白石小姐……
啊、不好意思，你都教我這麼多了，我還說這麼任性的話！

真是太棒了！
欸？
那時我教給兩位的「F2留存」的確是數位行銷中最最重要的元素。
F2之路
F1
F2
但實際上這只是行銷學之路的起點而已！
想成長為獨當一面的行銷員，還有很多很多技能要學，
我的公司則是把這些技能統稱為「行銷員必備的50項技能」。

戰略	分析・數據	集客	獲取	建立關係	實務
預算計畫	研究、訪問	SEO	UI / UX	顧客支援	複印
宣傳計畫	顧客旅程	搜尋廣告	LPO / EFO / CTA	E-mail / MA	寫作
建立品牌	網站分析（GA / Tracking）	社群網路廣告（包含LINE）	Web接客	app（包含推播通知）	設計
商品 / 體驗設計	A / B測試	橫幅廣告	個性化推薦	社群網路（帳號運用）	影片
價格 / 提案設計	統計	聯盟式行銷（Affiliate）		網路評價、UGC	HTML / CSS / Javascript
宣傳・公關	數據管理平台（DMP）	純廣告（買斷型等）		網紅行銷	夥伴管理
促銷	資料庫（含SQL）	廣告聯盟（Ad network）		內容行銷	指導
自媒體戰略	Dashboard（BI）	影片廣告		粉絲化・忠誠化	報告
		傳統媒體		活動	團隊建立
		交通廣告（OOH）		DM	
				LINE	

身為一名行銷人，感覺到自己技能不夠是很棒的事喔！
請務必學習適合自己的新技能，朝著行銷之路的更高點邁進吧。
這、這麼多……?!反而不知道該從哪裡學起才好了……！
以最好理解的足球來類比，**理解階段圖和F2就像是認識了足球這個運動本身**，
如果不知道規則的話，就可能會發生用手持球等狀況，根本玩不起來。
階段圖和F2 = 認識遊戲規則
50項技能 = 踢球的技巧
想要成為更有戰力的球隊，就必須進一步學習**傳球、射門等技巧，以及隊形的知識等**，
也就是50項技能！
雖然不是每場球賽都會用到所有知識，但**如果都學過一遍，就能知道什麼時候該用哪種知識**。
就像有時擅長防守的球員也得負責射門。
只要知道「這種時候可以這樣做」，便不會讓機會白白溜走。
原來如此！
換言之學得愈廣選擇也愈多，愈容易達到行銷的目的對吧？

但我覺得專精一條道路也很好啊。
當然精通一項知識的話，能成為很強大的武器。
如果只專注一門知識的話，就很可能會發生把前一次成功的經驗套用到下一次，結果卻失敗的情況。
但行銷大多是團隊工作，所以**為了知道其他成員在做什麼，認識其他領域的技能也很重要。**
技能
明明以前這樣做都很順利的！為什麼！
唔～嗯…
若成為一個擁有廣泛知識和技能的通才，不論遇到哪種商品都能處理得來。
同時也可以從中選幾項技能進一步專精，變成自己獨有的武器。
如此一來**對行銷整體將有更深刻的理解，也能橫向掌握更多技能。**

未來同時具備多種技能的人，會比只懂一個技能的人更有價值。
資料分析
×
廣告運用
而且數位行銷的有趣之處就在於做得愈快，也能愈快看到成果。
啊，這點我也深有所感。
以前在業務部門時常常要一直跑現場，而且往往得等到3個月後才能看到成果，但現在計畫實施後，常常隔天就能看到顧客來買我們的產品。
3個月後
好快！
隔天
沒錯！所以數位行銷雖然知識很重要，但實作也同樣重要。

1年只做1次測試的人，跟1年做100次測試的人，兩者獲得的知識直接差了100倍之多！
料理的世界也是直接取決於練習量和熟練度呢。
而且數位行銷還有另一個好處，同時也是要注意的重點，那就是**變化非常快速**！
其實我會對行銷產生興趣，是在環遊世界的時候。
2001～2003
12年後
2013～2014
我從2001年到2003年和2013年到2014年這2次旅行中最大的體悟，就是世界真的變得很快。
2014年不就是……
咦
…

沒錯，就是在旅程中遇到白石小姐的那次！
12年前我在南美的烏尤尼鹽湖幾乎沒有碰到女性遊客，但上次去的時候卻有很多女性。此變化的最大原因就是烏尤尼鹽湖變成了社群網站的知名打卡景點。

因為想在社群網站上分享所以前往、產生消費行為的現象，只要懂得行銷學的話就很好理解。
因為兩趟看到的景象完全不同，讓我不禁覺得行銷真是有趣。
只要注意到「想拍到能在社群網路上被大量點讚的照片」是人們挑選旅遊地點的一大理由，便會自然領悟觀光地應該如何推銷自己了呢。

只要豎起天線
仔細觀察這世界，
就能發現很多新事物，
預知其背景
和未來的走向。
自從跟西井先生一起工作後，
我也深切感受到了這點。
沒錯，所以要養成
隨時思考「自己如果
站在那個立場的話
會怎麼做？」的習慣。
將行銷融入自己的生活，
不僅每天都能過得很快樂，
還能成為
大家都想要的人才。
加油吧！
是！
我會努力的!!

5-1 特徵是「環境變化的速度」、「假設性思考能力」、「團隊合作」

數位行銷工作的3大特徵

相信會讀到這裡的讀者，應該都是想走行銷員這條路才對。因此，本節要介紹數位行銷工作的3個特徵。

第1，數位化的世界技術環境變化非常快速。由於技術和服務都以令人眼花撩亂的速度在變換，所以必須經常更新知識。除了本書介紹的本質性的知識外，也要追蹤新的科技和趨勢。

第2，假設性思考能力是很重要的技能。在所有結果都能數值化的數位行銷世界，要看出數字背後的意義，必須對數字建立假說再驗證，持續進行思考。

第3，團隊合作很重要。由於行銷工作常常要跟其他團隊或公司協力推動，因此瞭解合作對象、具備廣泛的知識會讓合作更順利。

▸數位行銷工作的特徵

①變化快速

數位世界是個每幾年
就會發生巨大變化的世界。
必須配合時代的變遷
更新自己的知識和技能

②「假設性思考力」很重要

根據現狀分析的結果建立假說的
「假設性思考力」是能決定策略成敗的
重要技能。請從平時就養成思考的習慣

③團隊合作

行銷策略必須由許多人一起推動。
為了理解站在各個不同立場的人，
必須具備廣泛的行銷知識。

身為一名行銷人員，
必須不斷重複實作和驗證，
持續學習新的知識和技能
才能有所成長！

5-2 決定你想成為哪種路線的行銷專家

從認識行銷的全像開始

儘管都稱為行銷人員，但底下其實還分成擅長開拓新顧客的類型、擅長數據分析和戰略的類型、擅長溝通設計的類型等各種不同的專攻。此外，若是擔任現場的領導職、事業群總經理等經營幹部層級的位階，所需的技能等級也會改變。

如果你還在新手的階段，建議可先以成為一位能力均衡的行銷人員為目標。因為新手要掌握行銷工作的整體感，廣泛學習組成行銷學的各種技能是最好的方式。首先學習整體性的知識，使自己能夠應對各種狀況，接著再來打磨專門性的技能。

左頁的列表是身為一名行銷人員應該學習的50種技能。請從其中選出對你現在的工作最有用的技能開始學習吧。

▸行銷人員應具備的50種技能

戰略	分析・數據	集客	獲取	建立關係	實務
預算計畫	研究、訪問	SEO	UI / UX	顧客支援	複印
宣傳計畫	顧客旅程	搜尋廣告	LPO / EFO / CTA	E-mail / MA	寫作
建立品牌	網站分析（GA / Tracking）	社群網路廣告（包含LINE）	Web接客	app（包含推播通知）	設計
商品 / 體驗設計	A / B測試	橫幅廣告	個性化推薦	社群網路（帳號運用）	影片
價格 / 提案設計	統計	聯盟式行銷（Affiliate）		網路評價、UGC	HTML / CSS / Javascript
宣傳・公關	數據管理平台（DMP）	純廣告（買斷型等）		網紅行銷	夥伴管理
促銷	資料庫（含SQL）	廣告聯盟（Ad network）		內容行銷	指導
自媒體戰略	Dashboard (BI)	影片廣告		粉絲化・忠誠化	報告
		傳統媒體		活動	團隊建立
		交通廣告（OOH）		DM	
				LINE	

首先從本書介紹的
「F2留存」等主題開始學習，
認識行銷工作的全像吧！

接著再學習這50種技能中
與自己的工作有直接關聯的，
學會後再進一步學習
與該技能相關的技能！

想建立學習計畫的讀者
可由此連結下載表格檔案！ →

✓行銷技能可以橫向連結

當學會的數位行銷技能增加後，就可以結合不同技能組合出更有效的策略。例如「數據分析」和「集客」技能組合後，就能推行「基於顧客理解的ＰＲ」策略。不僅如此，將數據分析結合「廣告」類型的技能，就能根據數據投放精準命中顧客需求的廣告，使廣告更有成效。由此可見，**組合技能可以增加可用行銷策略的廣度**。因此，下次當你學會一項新技能後，請思考看看怎麼結合已經會的知識和技能吧！

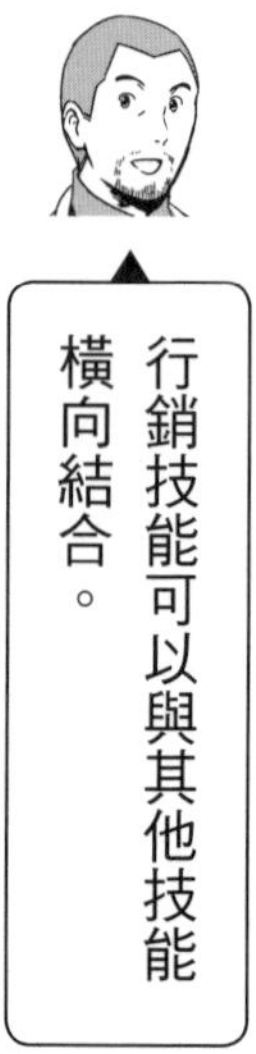
行銷技能可以與其他技能橫向結合。

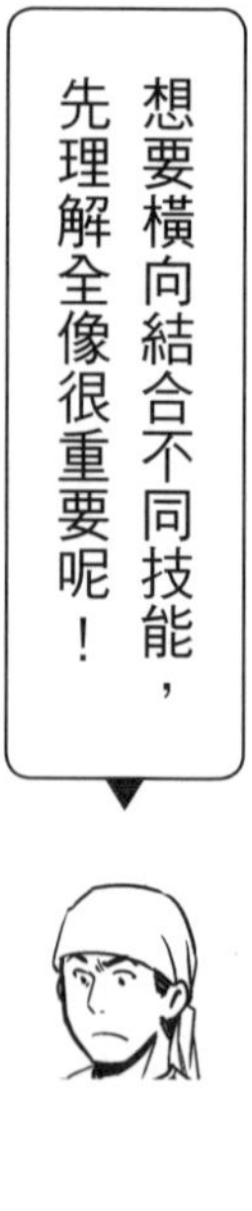
想要橫向結合不同技能，先理解全像很重要呢！

技能學習的難度

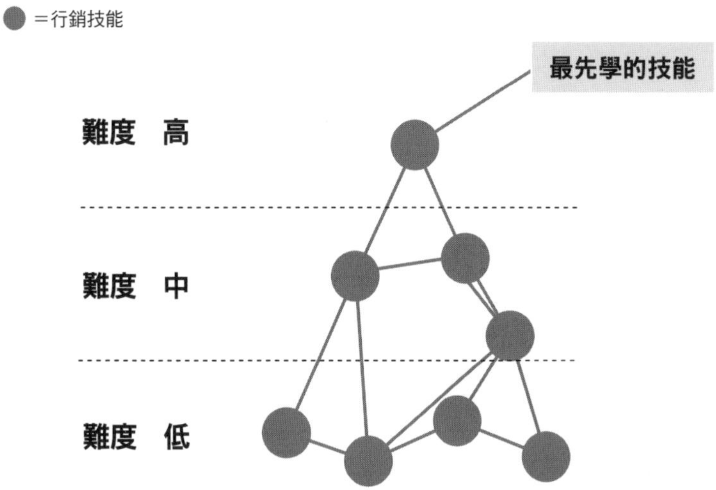

學得愈多，學習難度愈低

隨著你學會的技能愈來愈多，學習其他技能的難度也會愈來愈低。舉例來說，假設你先學習了SEO的技能，由於你已經擁有了與關鍵字檢索有關的知識基礎，所以學習廣告投放和網站分析知識的速度應該會更快。學習第一項行銷技能雖然會很辛苦，但當你學會的東西愈來愈多，可以橫向連結的技能也會增加，因此習得新知識的速度會變快。

在數位行銷領域，策略的實踐十分重要。所以首先請從可以馬上應用在當前工作中的技能開始學習，再一點一點擴大知識的廣度吧。

5-3 反覆實踐，提高「假設性思考能力」

實踐100次就能得到100的知識

「假設性思考能力」是數位行銷工作中一項重要的技能。而提升假設性思考能力的祕訣，就是不斷反覆實踐。

「可以立即看到結果」是數位行銷的一大特徵。傳統的線下行銷策略往往需要等一段時間才能看到結果，但在數位行銷的領域卻能在隔天就馬上用流量分析檢驗成效。因此，請在想好策略後馬上實作，檢驗完成效後馬上思考下一個策略，快速完成PDCA循環來累積經驗吧。

重要的是在實踐時一定要建立有數據為本的假說。也就是不停地去思考「這個數字背後有什麼原因？」建立假說，然後施行策略檢驗假說。如此一來，每次實踐都一定能讓你有所長進。只要養成從平時就用假說來思考的習慣，相信成長速度也會增加好幾倍。

提升假設性思考能力的 PDCA循環

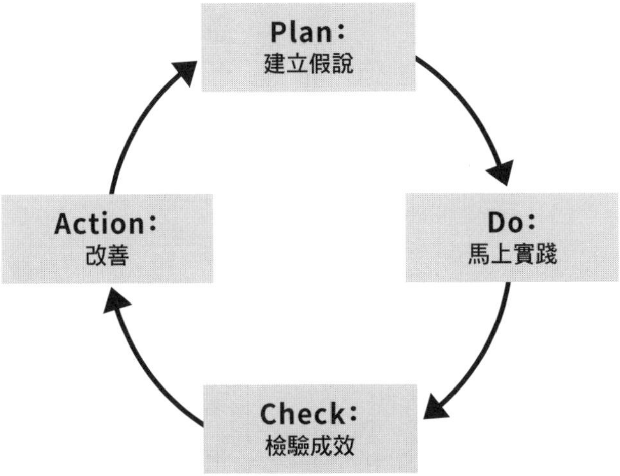
Plan：
建立假說
Do：
馬上實踐
Check：
檢驗成效
Action：
改善

試著增加你的社群帳號的追隨者

提升行銷技能的一個簡單方法，就是嘗試增加自己在社群網路上的追隨者。因為增加社群網路的追隨者數量，跟行銷技能也有著很深的關聯。個人頭像應該用什麼圖片？要不要改變一下發文的時間？像這樣反覆建立假說進行改善，自然會慢慢知道哪種策略對增加追隨者數量比較有效。

在實行策略後，成效會馬上以數字呈現出來，這就是數位行銷的有趣之處。如果沒有企業用帳號的話，也可以用個人帳號試試看。

5-4 未來的行銷專家需要具備的條件

「想告訴別人」的體驗設計是通往成功的道路

行銷這門工作並沒有所謂的正確答案。重要的是如何針對當前存在的問題，思考解決之道並加以實行，並且重複此循環。

不論什麼樣的策略，都一定與「人」脫不了關係。隨著網路和社群網站的發達，這個時代任何人都可以向他人發布訊息，因此成功行銷的關鍵就在於能否讓顧客產生「想把這個體驗告訴別人」的心情。廣告投放、官網製作、經營實體店面，所有的策略都與顧客的體驗有關。可以說未來的行銷人員最需要具備的技能，就是站在顧客的角度建立具有魅力的體驗。

既然有成功的策略，自然也會有失敗的策略。但請不要害怕失敗，不斷重複實踐與驗證的循環，如果成果不如預期，只要重新再思考一遍就行了。

行銷就是創造未來的工作

在這個新科技層出不窮的時代，過去本為常識的東西都在接二連三地改變。因此身在行銷界，不被過去的成功經驗束縛住，因應時代的變化**不斷挑戰新事物的態度**就十分重要。

因為很多事物唯有親自體驗過才能看得見，所以實踐和驗證的循環次數將大大左右你今後成長的速度。只要技能和經驗增加，對資訊的敏感度也會提升，變得更能掌握世上發生的事物與其背景，以及未來的趨勢。所謂的行銷，就是**創造未來的工作**！

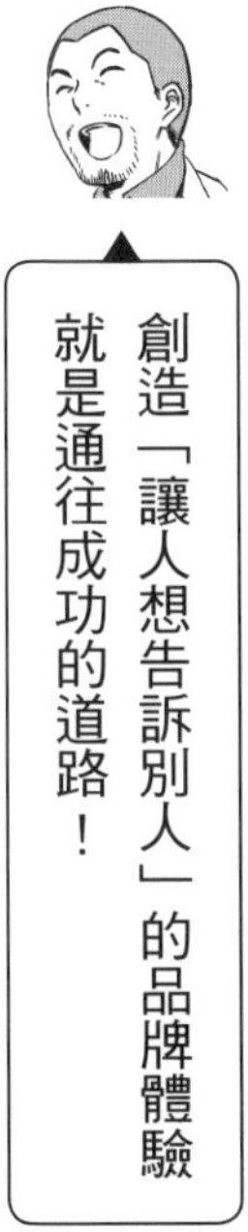
創造「讓人想告訴別人」的品牌體驗
就是通往成功的道路！

為此必須時常挑戰
新事物才行呢！

又過了3年後
——以上就是我的全部提案。
我覺得這個企劃非常不錯！
因為試用組和商品的使用體驗期不太一樣，可以請你確實追蹤後續狀況嗎？
好！
白石主查的建議總是一針見血，工作起來又有活力，好帥喔……！
我要出門開會了。
而且聽說她還被提拔為這次新企劃的負責人耶！

在排隊……
是新開的甜點店啊。
意外地很多男性呢。
不久前電視新聞也報導過甜點男子的話題，或許我們只以女性為目標客群也已經過時了呢。
哦～原來店內裝潢成男性也能輕鬆進去的風格啊。
餐點
店內
交通
保養皮膚這件事大概會漸漸變得不分性別，也許我們也可以推出這方向的品牌……

初次見面，
這次想與您討論一下敝公司的禮盒商品與貴公司化妝品的合作企劃，但我們沒有什麼網路方面的經驗，所以想借助貴公司的力量……
我是負責這次企劃的白石。
我對網站分析和廣告投放的知識小有自信，如果有什麼不明白的歡迎隨時跟我說！

那個時候完全沒想到這份工作會這麼有成就感呢……
雖然還有很多需要學習的地方，但能遇見西井先生真是太好了！
真可靠！
那就拜託您了。
好的！以後還請兩位多多指教！

西井敏恭 Nishii Toshiyasu

株式會社Thinqlo 代表取締役社長
株式會社Co-Learning 取締役CMO（Chief Marketing Officer）
Oisix ra daichi株式會社 執行董事CMT（Chief Marketing Technologist）
GROOVE X株式會社 CMO
鎌倉International FC 取締役CDO（Chief Digital Officer）

在多間公司擔任職務，主要負責管理行銷相關的領域。20多歲時曾用2年半的時間一邊環遊世界一邊在亞洲、南美、非洲等地撰寫遊記。歸國後在電商企業從事網路行銷相關的工作，並持續旅行，現已遊歷過140多個國家。上過多本雜誌和報紙等媒體。在Oisix ra daichi株式會社負責管理電子商務和IT部門，以推動數位行銷；在株式會社Thinqlo則以顧問業務為主，幫助其他企業推動數位行銷工作。著有《數位時代的行銷改革：打造獨特品牌、建立暢銷機制、突破銷售困境的超實用入門書》、《訂閱時代：5大集客獲利策略，直搗行銷核心的經營革命》。

協力：株式會社Co-Learning

提供人才培育服務，專為企業培育可提升業績的行銷人才。提供網羅了學習數位行銷的基礎技能所需之知識的教育課程、可用短訊小説型UI輕鬆學習的e-Learing app、技能成長測量系統等，所有人才培育不可或缺的工具。

日文版STAFF

協力	津下本耕太郎 （株式會社Co-Learning代表取締役社長、株式會社Thinqlo CPO〔Chief Product Officer〕） 松谷一慶（株式會社Thinqlo、株式會社Co-Learning內容編輯長）
編輯	島田喜樹＋浜川友希（株式會社KWC）、赤坂碧子
漫畫	桓田楠末
漫畫協力	小川京美
漫畫編輯	Sideranch
內文設計	二ノ宮匡（NIXinc）

各行各業適用！
精準激發顧客購買欲的數位行銷
2021年6月1日初版第一刷發行

作　　者	西井敏恭
漫　　畫	桓田楠末、Sideranch
譯　　者	陳識中
編　　輯	曾羽辰
發 行 人	南部裕
發 行 所	台灣東販股份有限公司 ＜地址＞台北市南京東路4段130號2F-1 ＜電話＞(02)2577-8878 ＜傳真＞(02)2577-8896 ＜網址＞http://www.tohan.com.tw
郵撥帳號	1405049-4
法律顧問	蕭雄淋律師
總 經 銷	聯合發行股份有限公司 ＜電話＞(02)2917-8022

國家圖書館出版品預行編目(CIP)資料

精準激發顧客購買欲的數位行銷：各行各業適用！/ 西井敏恭著；桓田楠末，Sideranch漫畫；陳識中譯. -- 初版. -- 臺北市：臺灣東販股份有限公司，2021.06
208面；14.3×21公分
譯自：マンガでわかる デジタルマーケティング
ISBN 978-626-304-625-2（平裝）

1. 網路行銷 2. 電子行銷 3. 行銷策略

496　　110006768